高等院校设计专业系列教材

商业购物空间规划与设计

韩放　韩金晶　编著

岭南美术出版社

图书在版编目（ＣＩＰ）数据

商业购物空间规划与设计 ／韩放，韩金晶编著. 一广州：岭南美术出版社，2011.4
（高等院校设计专业系列教材）
ISBN 978-7-5362-4318-7

Ⅰ.①商… Ⅱ.①韩…②韩 Ⅲ.①商业建筑－空间设计－高等学校－教材 Ⅳ.①TU247

中国版本图书馆CIP数据核字(2010)第076544号

责任编辑：刘向上
责任技编：许伟群

商业购物空间规划与设计

出版、总发行：岭南美术出版社 网址：www.lnaph.com
（广州市文德北路170号3楼 邮编：510045）
经 销：全国新华书店
印 刷：广州市岭美彩印有限公司
版 次：2011年4月第1版
2011年4月第1次印刷
开 本：889mm×1194mm 1/16
印 张：8.5
印 数：1—3000册
ISBN 978-7-5362-4318-7

定 价：58.00元

人，是设计的尺度
美，是一种生产力

总序

总主编　林钰源

设计，作为一门独立学科是十分晚近的事。在西方，它是伴随西方工业革命而诞生；在中国，它是伴随改革开放才发展起来的。设计学的历史很短，设计学在中国的历史就更短。尽管人类的设计活动可以追溯到远古的时代。

改革开放以前，我国在学科专业设置上原本只有传统的"工艺美术"而没有"设计"专业。我国高校设计专业是改革开放之初在向西方学习过程中从西方借鉴、引进，并在自己原有的"工艺美术"专业的基础上加以改造而成。

中国设计事业近三十年的迅猛发展，与其在中国短暂的发展历史极不相称。在近三十年的时间里，中国设计学科领域的各个专业甚至连专业名称都来不及规范和调整。"艺术设计"和"设计艺术"并行不悖；"动画"、"动漫"、"新媒体"、"数字媒体艺术"、"数码艺术"等多个专业名称同时混用；工业设计有授予"工学学位"，也有授予"文学学位"；广告设计、视觉传达设计、平面设计、装潢设计、商业美术设计等名称五花八门；室内设计、室内与家具设计、装饰艺术设计、环境艺术设计、景观设计，专业领域相互覆盖，内容重叠。家具设计专业有林学类院校开办的家具设计，也有美术类院校开办的家具设计，名称相同而课程体系和人才培养规格却相差甚远。面对"艺术设计"与"艺术设计学"不仅考生与家长茫然，连不少专业教师也感到困惑。至于"艺术学"同时作为一级学科和二级学科的名称使用也令人费解，作为一级学科和二级学科概念内涵的大小差别在名称上丝毫没有体现。显然，设计专业名称的规范、统一，以及它的"名"与"实"的关系都有待进一步理顺。但无论如何，中国的设计教育与设计事业却无不随着各行业的发展而呈现出像中国经济一样的蓬蓬勃勃、红红火火。

一

美，是一种生产力。

"中国制造"曾被西方视为神话，其实是由当时中国低廉的劳动力所书写而成的历史悲剧。改革开放之初，吸引外资的仅仅是中国低廉的劳动力成本。直至1999年4月14日，前总理朱镕基在美国麻省理工学院的一次关于中美贸易逆差问题的演讲中还是这样说："我调查了出口到美国的运动鞋，'耐克'、'阿迪达斯'、'锐步'等等，当时每双运动鞋在美国的零售价是120美元，出厂价是20美元，这20美元给中国工人留下的只有2美元，但是它可以养活两个工人——我是拿全年来讲。其他的原材料，有的是日本来的，有的是美国来的。其中主要的气垫就值2美元，是从美国来的，这也许是个专利。"当时的这种"中国制造"其实仅仅就是一些劳动密集型的来料加工，贴牌生产而已。它给西方送去"价廉物美"的"中国制造"产品。但正如朱镕基说的："这对我们中国也有好处，因为我们的一些劳动力可以得到就业。"

随着中国制造业的发展、成熟，"中国制造"的品质不仅得以极大地提升，中国制造业也开始产业结构的调整、优化、升级。企业在悄悄转型，由低廉劳动力成本优势向自主研发、自行设计、自主品牌过渡已成中国制造业不可阻挡的时代潮流。有识之士都意识到我们必须把出口"中国制造"，改为出口"中国设计"和"中国品牌"。在"中国制造"走向"中国设计"和"中国品牌"的道路上，设计，无疑是当今这个文化创意时代舞台上最为耀眼的角色。

随着时代的发展，社会生产力的提高和物质产品的极大丰富，特别是随着文化创意产业的勃兴，人们的消费观念、消费方式也发生了明显变化。人们在物质消费的同时不仅追求文化附加值给人带来的精神上的满足。同时，随着文化创意产业的发展，文化直接蜕变为品种繁多的文化产品，成为可以供消费者直接消费的产品。在此意义上说，美，已悄然成为一种消费。

美，已不再"养在深闺，束之高阁"，不再是精神贵族或时尚界和艺术家们的专利。美，已经是"旧时王谢堂前燕，飞入寻常百姓家"了。昂贵的珠宝首饰、流行时装、新款汽车；普通的商品，大众的电影、电视；孩子们喜爱的动漫、机器人、游戏、玩具；青年人喜欢的网络游戏、电子游戏、卡拉OK、KTV；家庭主妇的厨具、餐具等都经过精心设计而变得更"艺术化"。五花八门的展会以及铺天盖地的市井广告都无不以"美"的设计去吸引人们的眼球。在广阔的文化创意产业领域中，设计无疑是不可或缺和无处不在的。在中国未来的经济发展中，设计必将成为把中国经济从劳动力和物质生产的初期工业经济直接推向审美经济的强力引擎。

美，经由设计劳动或直接开发为文化产品，或融入产品，在产品的制造、生产和销售过程中最终以提升产品附加值的方式实现"美"向"软生产力"的转化。我们所处的时代，是美已经具备现实条件转化为一种前所未见的"软生产力"的时代。

因此，我们说："美，是一种软生产力。"设计，是将"美"转化为"软生产力"的有效手段。好的设计无疑可以极大提升产品的市场竞争力，提升我们国家的软实力和综合国力。

二

"设计的实质，是为人提供一种比原有生活更方便、更惬意的生活方式。"

"设计"一词，对于一百年前的国人来说无疑还停留在对诸如《资治通鉴》、《孙子兵法》、《三国演义》里描述的政治、军事、外交、谋略等领域所表达的，用于指"谋划"、"暗算"、"算计"、"陷阱"、"对策"、"阴谋"等特定内涵。与我们今天所熟悉的设计学科的"设计"一词，用于指为人的生活提供一种更方便、更舒适、更惬意的生活方式的需要而制定的解决问题的方案的内涵已相去甚远。任何概念的内涵与外延都随着时代的发展而发展着。"设计"概念也是如此，当初译者把"Design"译成"设计"是颇费苦心也相当精当的。

今天，人们的生活已经离不开设计，设计和我们的生活息息相关。特殊人群的生活迫切需要设计，如果没有专门为残疾人生活需要所做的各种各样的设计，残疾人的生活将变得一团糟。普通人的生活同样需要设计。设计，首先从工业产品开始，随后影响到其他各个领域，乃至渗透到人们生活的每一个角落，包括商品的包装、家用电器、日用器皿、家具灯具、交通工具、建筑、景观、室内装潢以及广告、传媒等等，在数码时代更直接导致电子游戏、网络游戏、动漫产业的出现。对设计所及的范围，用德国乌尔姆设计学院院长马克斯·比尔（Max Bill）的表述是"由汤匙到都市"。确实，今天设计已经几乎无处不在。我们的生活离不开设计，设计使我们的生活变得越来越简单、舒适、便捷、惬意。

对于现代设计而言，适应大规模生产的标准化、低成本，是它原初的目的。当然，安全、节能、高效、环保是设计必须考虑的。然而，我认为：改善人的生活方式，为人提供一种比原有更为方便的生活方式才是设计的内在目的。如越野车设计，无论是功能设计还是操控设计，除了标准化、低成本、安全、节能、高效、环保之外，责无旁贷必须为驾驶者提供更简单、更便捷、更舒适、更惬意的驾驶方式。要让驾驶者对驾驶方式感到满意，设计者首先最好是发烧友，或对发烧友非常熟悉，才能设计出令发烧友为之神往的越野车。

设计，与人的生活息息相关。随着人类精神文明和物质文明的进步，人的观念、行为方式也在悄悄发生变化。设计，便是满足人们的这种需要。由于人的物质生活方式和精神生活需求不断发生变化，设计的概念、审美的趣味、技术的手段也必然在不断地发生着转变。设计在人——产品——环境——社会——生活链条中起着重要的作用，直接影响人的生活方式和生活质量。在此意义上说，了解、熟悉、体验各种人的生活，体验各种生活方式对于设计者来说都是必不可少的功课。

三

人，是设计的尺度。

古希腊哲学家普罗泰戈拉（Protagoras）有句名言："人是万物的尺度，存在时万物存在，不存在时万物不存在。"在人类社会，人无疑是衡量天地万物存在意义和价值的砝码。天地万物，因人的存在而凸显了它具体的价值和意义。大自然是这样，对于设计也是这样。离开了人，设计的好坏就无从评说。甚至人在对大自然的审美观照中，也只有当看到人类自身的影子时，才产生了美感。因此说：人是天地万物的尺度。也正是在此意义上说：人，是设计的尺度。

设计，是人学。人，是设计学的重点研究对象和服务对象。设计，以人的实际需要、诉求为出发点，以人的感受的满意度作为衡量的标准。设计，就是为地球上各种各样的人提供比原有更方便、更惬意、更高质量的生活方式，这成为每一次有意义的设计的目的。从某种意义上说，无论"功能的满足"，还是"提高劳动的效率"，抑或是"为人提供一种比原有生活更为方便、更惬意、更高质量的生活方式"，又或者考虑大众"买得起"、"用得起"，以及"环境的可持续发展"，实质都是以"人的尺度"来衡量的。

神殿、房舍的尺寸，由人的尺度决定着。床架、被子、门、窗、椅子也是由人的尺度来决定。古代人群聚集的村寨、驿站的距离，由人的体能为尺度决定。水桶的大小、箱包的体量也由人的力量为尺度来决定。锅的大小、碗的容积、杯子的深浅、一份快餐的分量，都由人的食量决定。衣服鞋帽更无不依人量身裁衣。人的实际需要，就是设计的具体尺度。

人，是设计的尺度。"人"的时代内涵是随着时代的发展变化而不断发生变化的。在经济落后、物资紧缺时代，由"多、快、好、省"生产出来的"廉价产品"无疑符合那个特定时代的"人"的实际需要，但遗憾的是那个时代几乎没能留下什么优秀的设计。这不幸应验了英国学者约翰·罗斯金（Ruskin, J）说过的那句话："匆匆创造的东西，同样会匆匆地消亡。"

从某种意义上说，现代设计同样必须朝着人人买得起、用得起的方向发展。我们的设计不仅要使"价廉"还要让"物美"。我在这里再借用罗斯金的另一句话："代价最低廉的东西，终究要成为最珍贵的东西。"对我们而言，能让"最低廉的"变成"最珍贵的"的途径就是设计。好的设计不仅能提升产品的市场竞争力，而且可能会在未来的某一天成为收藏家们为之青睐的艺术品。

人，是设计的尺度的另一层含义，也许是强调了为服务对象谋福祉的意思。有言道："艺术为自己，设计为别人。"设计是为具体的对象服务的。为别人解忧无疑应该成为设计者的设计出发点。

昨天，在别人看来把一件废弃物加以改造，变成一件可以继续使用的物品显得十分寒碜。但在今天，把一件废弃物略加改造，变成一件可以供人们继续使用的有用物品的"再生设计"，却显露了设计者的智慧。不仅符合"环境保护"的"绿色设计"观念，也符合"可持续发展"的科学观。

从"人，是设计的尺度"看，"廉价设计"、"绿色设计"、"本土设计"、"文化设计"、"生态设计"、"节能设计"、"再生设计"、"个性设计"，均符合人在不同历史时期、不同社会环境下的不同方面的物质需求和精神需求，是"以人为本"在不同历史发展阶段的特定体现。"人"的这把尺子似乎具有浓重的历史时代和区域文化色彩。

"人，是设计的尺度"的理念，无疑是经得起时间淘洗的理念。只有建立在"人，是设计的尺度"的基石上，设计"以人为本"的理念，才能找到它赖以确立的基础。

四

"道法自然"、"妙通造化"，也许才是我们的"设计之道"。

历史告诫我们，任何事情违背大自然客观规律，必然遭致失败或受到大自然的报复。人类是在付出了巨大代价之后，才明白了做任何事情都必须遵循自然客观规律。我们的先哲很早就明白了这个道理，并非常概括地表述为"道法自然"。

"道法自然"或许也是我们设计行为的最高准则。因为只有"道法自然"，才能"妙通造化"，才能让人类与大自然和谐共生。从现代设计的发展历程看,设计观念历经艺术手工艺运动、新艺术运动、装饰艺术运动、包豪斯运动、现代主义运动、后现代主义运动的影响。这些运动不仅影响了人们对设计观念的认识,也影响了各个时期的设计风格。现代设计历史虽然时间不长,但各种主义、流派的不同的思想、观念、方法,他们不同的主张、不同的侧重,使得设计的形态、风格、趣味呈现出繁花似锦的多元格局。然而,不管什么流派、主义、风格,设计还是有着设计必须遵循的共同规律,也就是设计的本质规律。现代设计在满足大规模生产、低成本、标准化生产以及可通用零部件条件之后,也发现了节能、低耗、环保、高效等符合环境可持续发展的重要性。因而追求对人类生存无害或将危害最小化,资源利用率最大化,尽可能减少能耗的"绿色设计"、"生态设计"、"环境设计"相继出现。甚至变废为宝的"再生设计"也应运而生。其实,无论是"绿色设计"、"生态设计",还是"环境设计",都与"道法自然"的理念相融通。向自然学习,使我们的设计行为与自然客观规律相一致,这也许是我们设计永远必须遵循的铁律。

"道法自然"让我们的设计"妙通造化",从而使我们的设计作品能与大自然和睦共处。道法自然,就是以尊重大自然为前提,遵循自然界客观规律为途径,以人与自然的和谐相处为旨归。从这一理念为出发点,做出来的设计作品,一定可以"妙通自然"。好的设计,必须是按照自然界客观规律去做,才能符合自然规律,也就是"妙通造化"。要"妙通造化",只有"道法自然",这也许是设计的不二法门。"道法自然",还包含着比"绿色设计"、"生态设计"、"环境设计"更为宽泛而深刻的内涵。

"道法自然"还凸显了设计的社会责任。

在商业高度发达、信息传播进入网络化的时代,设计已经成为一种社会行为,而不仅仅是设计师或消费者的个人行为。只有当设计被看做一种社会行为的时候,设计的社会责任才凸显出来。提出设计的社会责任,是确保人类的生存环境不被过度破坏,地球资源不被过度消耗,商业道德不被践踏,社会道德不被视觉玷污的前瞻性保障。也许恪守"道法自然"可以帮助我们的设计履行设计者的社会责任。因此,"道法自然"、"妙通造化",也许才是我们的"设计之道"。

只有人与自然相融,才能实现生命与自然的和谐合一。人,才能"诗意地栖居在大地上"。

五
要"中国制造",更要"中国设计"。

不难看出,对 21 世纪的消费社会而言,美已悄然成为一种消费。随着文化创意产业的勃兴和不断开发出品种繁多的文化产品,文化正在形成庞大的产业。同时,设计把美感转化为经济价值注入到每一件产品中去已是不争的事实;品牌不仅显示了它巨大的市场经济价值而且完全可以进行估算。"美",正在升华为一种前所未见的软生产力。设计,是实现"美"成为软生产力的有效途径。设计不仅可以极大地提升产品的市场竞争力,还可以提升我们的软实力和综合国力。因此,我们不仅需要"中国制造",更需要"中国品牌"和"中国设计"。一个国家的设计教育水平和质量,决定了一个国家的设计水平。

中国的设计教育,经历了从照搬西方、模仿西方的必要过程。现在我们需要"中国设计"。"中国设计",不等于简单的中国元素的设计。"中国设计"需要有相应的理念、精神、文化,需要自己的设计教育的课程体系和教学内容。我们不能永远跟在别人后边亦步亦趋。从目前设计教育的实际情况看,除了控制扩招规模,制订设计教育的课程体系和教学大纲,也亟需推出一套高水平、高质量、有特色的设计教材。这套"高等院校设计专业本科系列教材",正是基于这样的想法,组织了目前国内高校设计教育的专家、教授进行编写,希望适时推出,以期对目前的设计教育起到积极的促进作用。

岭南美术出版社,是国内有影响力的美术专业图书出版社。他们不仅关注艺术家的创作成果,也十分关注美术教育。早在 2003 年,岭南美术出版社便与国内的美术教育专家、教授携手一道率先开发了一套"高等院校美术专业本科系列教材",在当时的国内产生了十分广泛而良好的社会影响。今天,他们又再度与走在国内设计教育前沿的专家们联手开发"高等院校设计专业本科系列教材",这不仅体现了他们对设计教育的高度关注,也体现了他们高度的社会责任感。在这套教材即将付梓之际,我谨代表编委会对为编写这套教材付出辛勤劳动的各位主编以及对编写这套教材给予高度重视的岭南美术出版社领导表示衷心感谢!

目录

前言

这是一本为高等院校环境艺术设计专业学生所写的专业设计教科书，同时又希望成为建筑设计或商业营销专业及环艺设计师们的参考书。

商业空间环境作为城市公共空间环境的重要组成部分与广大市民的生活息息相关。随着社会、经济的飞速发展，对商业空间环境的要求越来越高，购物空间是各类商业空间中面积最大、人流最集中，对城市环境配套要求较高的空间分类，其规划与设计越来越多地影响人们的情感、兴趣与生活质量。随着信息化、数字化等现代通信、管理方式越来越多地介入人们的生活，应对未来的设计师加强这一重要空间环境设计的基本原理、基本设计思路和基本方法的设计进行培养和探讨。

本书的着眼点在于大中型综合百货商场的室内外空间环境设计。因为在各类购物空间中它是对环境艺术与室内设计要求最高、综合性最强、最具代表性的。以它为起点，向上扩展可以参与城市商业街、区整体建设，向下延伸可以规划、设计各个商品销售单元和专卖商店。

从商业营销和策划的角度进行设计，从经营者的角度去分析问题，这是环境艺术设计取得成功的重要思想方法。本书首先从营销的基本原则和顾客的购物心理角度出发来关注环艺设计应该采取什么相应的对策，更加注重培养正确的设计思路。

理论联系实际，是本书努力追求的一大特色。由于笔者长期从事室内与环境艺术的教学与设计工作，并参与和主持过几个大中型商场甚至是著名品牌的综合商场的环境艺术和室内外装饰设计，因此力图在本书中对商业空间营销与心理、人体工学及对商场环境和功能之间的关系进行一个系统的、全面的叙述与展示。不仅从理论上、功能上、原则上去分析和论述，而且从综合商场的空间环境入手，全面介绍外立面环境与室内设计，门厅与中庭、营业厅的平面与功能布局分析，扶梯与楼梯、顶棚与地面、柱面与墙面、陈列柜架与展台、广告与标志等的设计原理，注意事项与实例分析，努力使本书在完整性与系统性、理论性与实践性、教学运用与设计运用等方面相结合。

书中所选用的大量图片，首先以大学生为对象，能简要说明问题为主。其次还尽量注意图片的时代性和新颖性，对商场环境艺术的造型、色彩、材质、光线等基本设计要素进行说明，力图使同学们有一个直观的感受。为配合教学，本书四个主要章节后面都有思考题或作业安排。第四部分销售区特色设计则选取了国内外商业设计案例中较为简洁、时尚并适合学生参考的案例，以及笔者的教学案例、设计案例以供参考。

韩　放

2010 年 6 月

第一章　概　述

GAI SHU

第一节 购物空间的概念

购物空间是商业类空间最主要的一部分。购物空间泛指为人们日常购物活动提供各种空间、场所。其中最有代表性的为各类商场、商店，它们是商品生产者和消费者之间的桥梁和纽带。在我国，商品生产企业的产品，大部分是通过各种各样的商场流入顾客手中，同时商场也起着了解消费需求，归纳商品评价，预测市场动向，协调产销关系的作用。从摆摊设点、开店入室，到后来的购物中心，使得商品"价廉物美"，使得购物行为"方便愉快"。

自古以来，商业购物空间就是在商品交换中发展起来的，从原始的以物易物，到集市贸易超级市场、综合市场、专业商场，购物空间越来越重要。

如图1-1所示，人、商品、购物空间三者的关系是一个动态的交互关系。它们是构成商业购物空间的三个要素。

商品作为交易中心的物，顾客到商场来的基本目的是买"东西"，而商场经营者开设商店的基本目的在于卖"东西"，以获取商业利润，正是由于商品和经济的发展，从广义上促进了社会经济活动的发展，从狭义上促进了商业环境的不断发展。

买卖双方，即消费者和商品经营者，构成了商业购物环境中的主体要素，缺少一方就没有商业活动。在商品经济发达的买方市场，消费者起主导作用，他们对商品的要求，对商家的服务水平，对环境空间的设置水平等方面的要求，都极大地推动了商品的品质、商家的管理、购物环境的完善和提高。但在某些商品供不应求时，顾客还有求于商家。

购物环境为买卖双方围绕商品提供了交易的空间，这个空间，随着商品的发展、地理位置的不同、时间的变化、交易形式的不同而在改变，以适应买卖双方的要求。

人和物是移动的、相对动态的，而且变化相对活跃；环境是相对静态的，它的变化，首先是商家直接为追求商业利润为消费者建造和美化的，反映在建筑层面上是注意选址、规划和布局、空间的组合设计、外观与形象设计。

在室内环境艺术设计层面是对消费主体的分析、定位及相应程度的空间美化设计，从建筑的特点出发，结合商场的类型和商品的特点以及环境投资额等因素，对目前的状况，商品和环境的可调整性以及相当一段时间内的适应性等特点作出正确分析，创造出使消费者流连忘返的，满足社会需求的特色空间。

从设备设置层面，满足空气清新、温湿度适宜、明亮适度、安全舒适的要求。

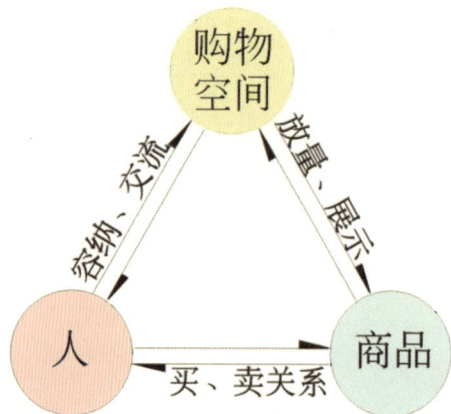

图1-1

第二节 购物空间的分类

鳞次栉比的店铺，五光十色的广告，商业购物空间的种类非常多，按不同专业人士的工作特性有不同的归纳方法，现列举如下：

1. 按商业业态分类

商业业态是经商业者通用的术语，即将各类商业购物空间按经营模式和组织方式进行的一种分类方式，根据国际通例和我国的改革情况，大致可分为大中型百货商店、大型综合超市、中小型超市（自选商场）、仓储式商场、便利店、专业商店、专卖店、专业批发商场、现代商业购物中心等。

（1）大中型百货商店。

这是最成熟的传统商业业态，在我国各大城市均有著名的百货业企业，如北京王府井百货、上海巴黎春天、上海友谊商店、广州百货、广州友谊商店、深圳茂业百货等。还有进驻中国很多大城市的跨国商业企业，如百盛集团就是国内民众耳熟能详的大型百货零售企业。（图 1-2）

大中型百货商店的组织经营形式一般由一家管理集团总体组织管理，以零售为主，商品多品种分类出售的大规模商店。经营方式为明码定价，现金销售（各种信誉卡包括在内），可以退货。

由于著名的百货商店往往成为当地商业区的核心商店，其面积往往在 30000 ㎡以上，具有都市中心型商店的特点，因此其经营的商品和其中的品牌均为名牌产品和国内、国际一线品牌，其显著特点是商品档次高，特色显著，店堂环境优美宜人。一般都在市中心区或其所在位置形成了城市的主导商圈，是休闲购物的好去处。

还有大城市的区域型百货商店和众多中小型城市的大中型百货商店，其面积为 5000 ㎡～30000 ㎡，通常在 10000 ㎡左右。经营方式和组织模式基本相同，商品档次和品牌不像大型著名百货定位那么高。以适合大众化的人群为目标消费群体。其选择都在城市区域性的商业区内或中心城市的中心区内。

（2）大型综合超市。

这是改革开放后从国外引进的商业业态，比起传统的百货商店，它的选址可以在城市中心城郊结合部、交通要道、大型居住区附近，商圈目标顾客经营服务半径为 3km 左右。目标顾客以居民、流动顾客为主，在我国的一线大都市，著名品牌的综合超市往往与著名的百货业态相结合形成都市的中心商圈。如广州的正佳广场达 30 万㎡的各类商业经营面积之中，就以百佳超市和广州友谊商店为核心旗舰店。

图 1-2

著名的跨国商业企业"家乐福"和"沃尔玛"就是被我国广大民众所熟悉的综合超级市场。

与传统百货商店相比，大型综合超市有如下特点：

①经营方式为自选销售，出入口分设，出口统一结算；

②经营品种为大众化衣、食、用，品种齐全，满足一次性购全；

③服务销售人员较少，店堂装修装饰相对简单，但注重把握整体的功能、路线的安排，简洁、明快的布局，以及商业企业文化，品牌形象；

④国外的大型综合超市一般设有较大的生鲜食品销售区；

⑤与传统百货商店目前以休闲娱乐为主要目的、诱导性购物占有较大比例、顾客群体相对收入高所不同的是，大中型超市以目标性购物为主，消费者以普通市民为主要客户群体。

（3）中小型超市（自选商场）。

与大型综合超市相比，中小型超市（在这里的"超"是引入超级市场的经营模式而非"一站式"购足，称其为自选商场更为贴切）更多地融入城市的众多区域，甚至是社区商圈。

它的选址在城区中心、居民区，经营服务半径约为 0.5km，目标顾客以本区域及附近居民为主，营业面积为 300 ㎡以上。

商品经营结构以销售生、鲜、熟包装性食品，以及洗涤用品、玻璃、陶瓷、塑料及金属类器皿等日用品，还有书籍、音像制品、家电类和一些平价衣物。

由于这些商品花样品种一般以满足日常居家消费，价格实惠，通常为市民目的性购物、计划性购物和需求性购物的首选场所。

图 1-3 某中小型超市的食品区。

图 1-4 深圳万佳商场的连锁自选商场之一，明亮的灯光、简明的动线和有序的货架。用绿色竖向条纹花边装饰空间显示了企业的标准设计和品牌形象。

图 1-3

图 1-4

图 1-5

图 1-6

图 1-7

图 1-8

图 1-9

（4）仓储式商场。

从名字上看，即将商品的销售与存放合二为一的商场，在国外也叫做批发商店，之所以叫"批发"来源于其所出售的商品大部分是按小包装起点进行销售的，现举一例来说明这一概念。

1996年落户广州的第一家（也是全国第一家）仓销式大型商场（图1-5）正大万客隆采购中心把原汁原味的仓销概念引入中国市场，在43000 ㎡商场内经营品种超过2.5万种，从新鲜的肉类、海鲜、蔬果到冷冻、冷藏食品，用品，各式百货应有尽有，顾客无需东奔西跑便能一次购足商品。

所谓仓销即货仓式销售，是指从最短的渠道大批量购入商品，并把商品的销售场地与储存仓库合二为一，以开放形式供消费者选择。

货仓式销售有以下特点：①实行会员制；②包装起点出售，一般不拆零；③商场建筑相对简易，装饰简单但功能齐全，以降低成本；④多设在城乡结合部，租金相对较低；⑤设有大型停车场；⑥出入口分设，出口统一结账。

随后另一家大型仓销商场"好又多量贩"又在广州建立了，从"量贩"二字可以看出其批量销售的方式。

这种"量贩"商店在全国大中城市迅速普及，而且根据中国大众的消费习惯，各商场对"包装起点出售"都作了调整，小批量销售的形式基本上变得更加灵活，与综合超市的区别仅仅是其空间的高度能放置更高大的货架。"会员制"几乎不存在，谁都可以进，在中国形成了又一种形式的超级商场或大型自选商场。比较典型且在当地较有知名度的有山西太原的"美特好"超市、"山姆士"超市。

图1-6为国外某大型仓销商场的室内布置，这个商场足有四个足球场大，服务员穿旱冰鞋穿梭其中。尽管装饰简单，花钱不多，但设计师用不同颜色将商店分为三大货品世界，鲜明的色彩标志，灵活的装置系统，使得商场能在短时间内处理流量极大的货品。

（5）便利店。

便利店是以满足顾客便利性需求为主要目的的商业零售业态。它的选址以居民住宅区及各类办公场所旁为主，同时考虑选择在道路两侧、车站、码头、加油站、医院等人流比较多的地方。商店的面积从几十平方米到一百平方米左右，利用率高；居民徒步10分钟以内（通常在5分钟左右）可达，80%的顾客为目的性购物；商品结构以速成食品、饮料、小百货为主，有即时消费性、小容量、应急性等特点。

营业时间一般在10～24小时，终年无休日；经营方式以开架自选为主，出入口一般只有一个，在出（入）口处设统一收银结账。

便利店瞄准了各类商业购物空间留下的空档，对各类商场起了很好的补充作用，在我国如雨后春笋般遍布各个城市。目前其店面设计已形成规范化的品牌效应，而且在各地都有连锁经营的著名品牌，如活跃在广东各地的7-11便利店（图1-9），上海的喜士多（图

1-7）、好德（图1-8）。

（6）专业商店。

由于其经营的品种比较单一，如各种品牌男女时装店、眼镜店、钟表店、金银珠宝手饰店、书店、鞋店、花店、纪念品店、精品店等，如图1-10所示面积不大，常见的多为几十平方米到一百多平方米，少数也有上1000㎡的。分布位置有以下几种形式：一是分布在商业街或商业中心，依托大中型商业建筑；二是分布于居民住宅小区的适当位置方便购买；三是由若干经营同一类商品的专业店铺组合成专业的商业中心和街区，形成聚集效应，成行成市，如广州海印电器城、海印书城等。

（7）专卖店。（图1-11、图1-12）

专卖店（Exclusiveshop）是专门经营某一主要品牌（制造商品牌和中间商品牌）为主的零售业态，其选址于繁华商业街区内形成独立门店或在百货商店、购物中心内形成店中店或开放式销售区域，营业面积根据商品特点而定，通常几十平方米至几百平方米不等。专卖店注重品牌的综合效益（顾客群体的目标定位，品牌的定位与知名度，从业人员必须具备丰富的专业知识、企业文化）从而取得高毛利、高附加值，采取定价零售与开架销售为主的经营模式。

（8）专业批发商场。（图1-13）

所谓批发商业就是指向再销售者、产业和事业用户，销售商品和服务的商业，所谓再销售者是指二次及其以下的批发商和零售商，批发商业是相对零售而言的面向大批量购买者的开发经营活动的一种商业业态。

批发商场是批发商业的一种构成，专业批发商场是指专门从事批发某一类商品的场所，其选址通常纳入各级政府机构的城市化建设和经济规划之中，或由民间市场逐步形成，政府加以指导和扶持，其经营辐射半径在50km以上，目标顾客以中小型零售商、中转商、酒店、餐馆、工厂、机关企业单位及其他服务性专业机构为主，营业面积在30000㎡以上，体现大批量、品种多、专业性强，采用便于运输的大包装，经营方式为总经销、总代理，如图1-13各类专业批发商场的分布。

（9）现代商业购物中心。

由一家或几家大型商场加若干各类商业店铺及其他商业空间和配套设施组成的大型购物中心（如目前在各大城市常见的某某商城）的选址在城市中心、城乡结合部的交通枢纽附近，商圈目标顾客一般以本城市、本地区顾客和流动顾客为主。（一线城市最著名的大

图1-10 人行道为鞋店的专业商店。

图1-11 专卖店。

图1-12 专卖店。

图1-13 广州中山路与解放路附近的各类专业批发商场的分布情况。

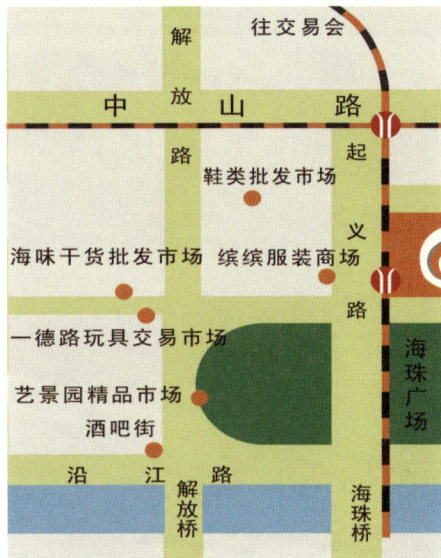

型购物中心往往形成国际级、城市中心级的商圈，至少是城市区域性的商圈，顾客群体也几乎涵盖本市、本区所有居民和外来流动人群）其服务半径辐射至少 10km 或以上，营业面积应在 50000 ㎡ 以上，商品经营结构由大型百货商店及大型综合超市作为核心店，辅以各类专业店等零售业态和餐饮、娱乐设施构成，经营方式统一规划布局，分类经营管理，店铺分散承租，独立经营。

现代商业购物中心成为更加现代、更加时尚的世界上大型商业地产的顶级形态，在欧美尾随着家庭汽车化和住宅郊区化而产生。

购物中心常常被冠以各种不同的地产概念："动力型购物中心""生活型购物中心""购物型购物中心""泛商业购物中心""商业广场""购物广场""购物公园""主题购物公园""体验商场"……粗略统计一下，以购物中心为核心开发理念的商业地产概念多达60余种。

购物中心是中产阶级的一种生活方式，除了购物它还提供休闲娱乐"一站式"服务。

图 1-14

图 1-15

图 1-14：为另一处枢纽广场中的大型水景雕塑，为游客增添许多吸引眼球的风景线。

图 1-15与图 1-16：分别为迪拜购物中心若干个入口中的两个主要入口，其中图 1-16 为利用当地文化传统建筑符号做的入口。

图 1-17：为迪拜购物中心若干条室内商业街公共空间的一处。

图 1-16

图 1-17

从业态的分类来讲，大型购物中心是多种商业业态的集合体而非单一的商业业态。

综上所述，商业业态可划分为基本业态和综合业态两大部分。

基本业态包括中小型超市（或自选商场）、各类专业商店、各类专卖店、便利店。

综合业态包括大中型百货商场、综合超级市场（包括仓储商场）和专业批发市场，其中又以前两种构成我们日常光顾的商业主体。

从另外一个角度而言，整个商业销售可以分为四种类型：①百货商场；②各类超市及自选商场、仓储式商场、便利店；③各类专业批发市场；④网上购物。

迪拜购物中心（Mall of The Emirates，即酋长国购物中心）占地 46.5 万 m²，相当于 50 个足球场，并有 7000 个停车位，还在计划继续扩建，连同其他辅助设施、辅助建筑在内，总共占地 83.6 万 m²，将成为世界最大的综合各种娱乐、购物、休闲在内的复合型购物中心。

迪拜购物中心世界各地名牌齐集，加之是个免税地区，所以这里的商品便宜得让人怦然心动。由于迪拜的开放和国际化，加上其特殊的地理位置，这让其几乎成了整个中东海湾地区，甚至欧洲、亚洲、非洲许多人士的"购物中心"，随着中国经济的飞速发展，越来越多中国游客的身影也出现在那里。

迪拜购物中心的建筑与室内形态由三层左右的室内商业街及街与街交叉形成的若干中庭组成，宽敞、明亮、时尚、优美、复古、神秘、美轮美奂等多个词汇可以用来形容不同的区域，图 1-18 到图 1-21 为笔者拍摄的室内外情形。

图 1-18 与图 1-19　为若干条室内商业街公共空间的一处。
图 1-20　为公共娱乐空间设施。
图 1-21　为其中交汇的几条室内商业街的枢纽广场，非常宽敞、壮观、时尚。

图 1-18

图 1-19

图 1-20

图 1-21

让我们来欣赏一下美国大型综合超市 MEUER 的优美设计吧，它至少可以改变一下人们对国内超市平价商场相对简易的印象，设计师将超市企业原有的文化，即信誉、家庭、温暖、新鲜以及品牌价值融入。让人惊叹的招牌标志，明亮的建筑标志以及新颖的图案，商品的陈列都会让人流连忘返。

见图 1-22~ 图 1-24。

图 1-22

图 1-23

图 1-24

2. 按建筑的规模分类

由于本书是提供给建筑环境艺术设计学生的教学参考书，因此以建筑的规模和对环境空间的简要设计要求加以分类和说明。从大到小的分类排位大体为：商业区（或商圈）、商业街，大型购物中心（或大型综合性商业建筑、综合商城）、大型百货商场、大型综合超市、仓储式商场、中型百货商场、中小型超市各类专业商店，各类专卖店、便利店，小型店铺摊位。

（1）商业区（或商圈）。

其范围最大，它通常是城市或社区在作总体规划时予以考虑的对象，或在城市的发展变化过程中逐渐完善形成的。大型、完善、繁荣的商业区域往往成为城市商业和经济发展的直接体现。

组合方式有两大类：

①常由一条甚至多条商业活动比较集中的街道所组成。一般来说，一个城市有一个或多个这样的商业区，比如图1-25广州北京路商业区，它是由北京路和中山五路（中山四路）两条大路加上周围广卫路、文德路、西湖路等中心街道两侧的商业建筑和网点、店铺而组成，类似的著名商业区域还有北京的王府井商业区、西单商业区，上海的南京路商业区，重庆的解放碑商业区等。

②由大型的购物中心为核心，加上周边街道的各类商业空间，如图1-26广州天河城、正佳广场，两个共达40万㎡的大型和超大型购物中心，加上周边体育西路、体育东路、中山大道的各类大小商业建筑与空间（目前该商业区将由中山大道两侧向东延伸约1公里），加上新建的万菱汇、太古汇两大超级商业中心及天河电脑城、娱乐城、摩登百货、丽特百货，一起形成在国内外名列前茅的超级商业区。

（2）商业街。

一般拥有一个或几个购物中心，以大中型综合商场、超级市场做核心，加之周围的众多商铺、专业商店，不仅有购物空间，而且还有许多餐饮、娱乐等服务性商业空间及其他空间。为了便于消费者购买、挑选商品，有的商业街基本上是由若干经营同一种类型商品的专营店或摊点组成，即所谓的成行成市。

这样由众多专卖店和专业商店等组合在一起，形成了百货商场或购物中心主体。从店面及环境设计的角度来看，它们或时尚、或优雅、或前卫、或庄重，千姿百态、变化万千，在视觉上和感官上为顾客提供了流连忘返的丰富空间。容易在消费者心中留下印象或信息，等到需要这种商品时，会想到某某商业街。那里挑选余地大，如广州的海印电器城、黄沙水产品市场等等。

还有限制时间、地点、经营品种的商业街市，比如广州春节前在指定的地点和街道举办的迎春花市，太原柳巷的服装及饰品夜市等。

图1-25

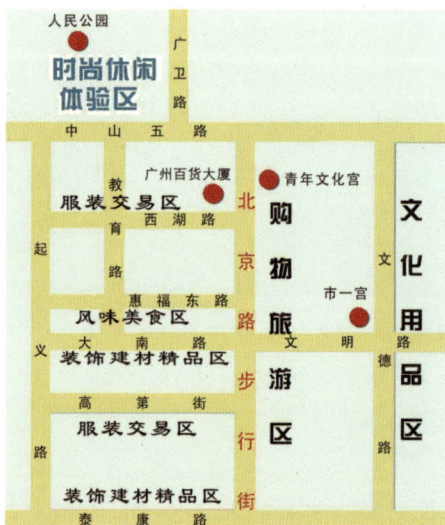

图1-26

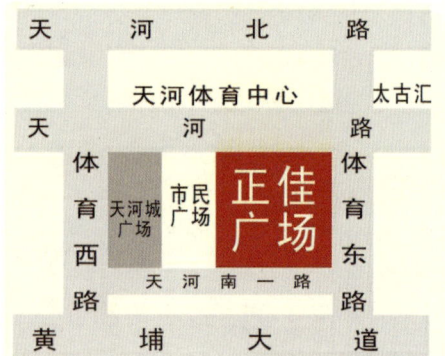

由于商业区、商业街这种类型是一个总的规划，是由若干独立的商业购物空间加上其他商业配套空间组合而成，多为建筑规划和城市规划的范围，本书不作详细讨论。室内与环境装饰设计师，在这里应千方百计使你所设计的店铺在整条商业街中比较醒目，有特点。应该从两方面着手考虑：一是做好店面装饰设计（一般业主会将室内设计和店面设计委托同一设计师或设计单位去统筹规划，也有原建筑就是非常有针对性的专业设计，建筑师在外观设计上不需重新设计只需小改动的情况）；二是做好室外和店面的广告招牌、霓虹灯设计及其他环艺绿化、小品设计。

（3）购物中心（商业中心）。

前面已经介绍过购物中心的业态特点，其经营特点是能够使顾客在核心商场和周围的同类专业商店之间对同类（或同种）商品进行比较和选择。最大特点是设有大量的休闲、餐饮等其他空间与购物空间配套。

比起商业街的不同之处是其集中在一幢或几幢大型建筑中，它的组合形式不是条形分布，而是以块面为主，以室内为主（在建筑与建筑之间的连廊围合而成的室外广场也常常加上透明顶盖或光棚），也有资料将其称做复合商业建筑，它的空间组合情况如图1-27所示。

一般来说，商业中心公共部分的装饰设计通常是委托一家或几家设计单位作总体美化绿化及设施安排，设计师应特别注意由于功能综合而出现的多种流线，多向进出口，内外交通连接，大量集聚人流的合理安排，疏散的安全性问题。同时，它的公共空间艺术设计的个性化是考虑的另一个重点。图1-28是商业中心的几种建筑形式。

商业中心较有代表性的：如图1-29香港的置地广场，广州的天河城、正佳广场，北京的国贸大厦、盈科中心，上海的正大商业广场，重庆的大都会广场；国外的也有很多，如加拿大的伊顿中心，图1-30日本名古屋市著名的商业中心，图1-31日本的八王子东急广场。

图1-27　是复合商业建筑的几种建筑形式

11

图1-28

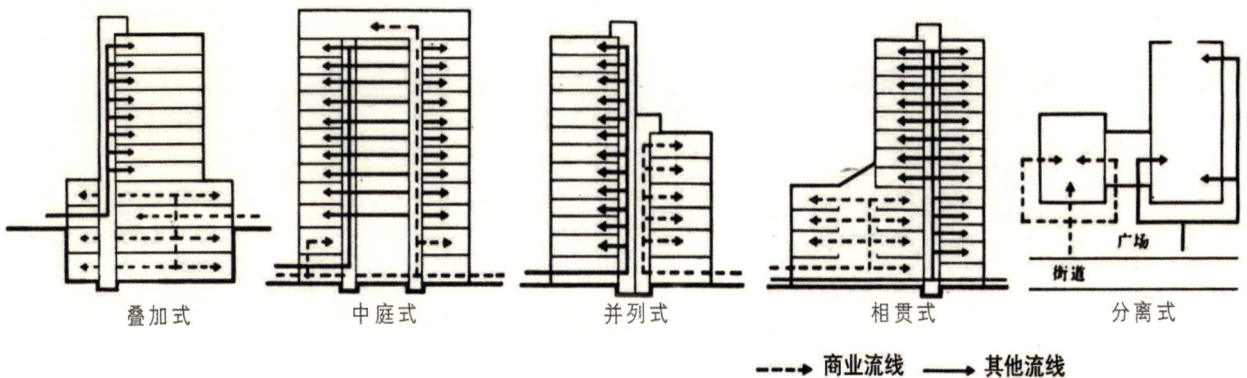

叠加式　　　中庭式　　　并列式　　　相贯式　　　分离式

- - - → 商业流线　　—→ 其他流线

图 1-29

图 1-30

图 1-31

（4）大中型自选商场（俗称超级市场）、中型百货商场。

大与中的界限怎么分，一般来说，大的综合商场，商品的花色品种非常齐全，通常能满足顾客购买各类商品的需要。从理论上说，进了这家商场不需再去第二家就能买到所需的一切商品，所谓的"一站式"购足。大型商场的经营方式也比较多。从面积规模来讲，从上万平方米到几万平方米不等（如果再大的话，划分成几个或若干个商场组成的复合式商业空间，从经营和管理方面讲会更方便一些）。中型综合商场在人们的感觉中大约有几千平方米到一万多平方米，其经营商品的花色品种不如大型商场丰富，配套设施和空间也较少，一般为社区型的综合商场，人们所需要的日常百货、电器基本都有销售。

这个层次的商场通常都是由一家大型的商场管理集团来负责管理、经营的，如世界零售业巨头美国的沃尔玛，法国的佳乐福，马来西亚的百盛百货；中国北京的王府井百货集团、宾友赛特集团，深圳的万佳集团，广州的广州百货集团、友谊商店集团等。

其室内环境规划与设计，通常由一家设计公司负责外立面，室内外公共性、过渡性空间的总体规划设计，对于营销区域的设计，通常采用三种方法处理：

一是由各商品销售区、品牌店提出他们的设计要求，标准用色、标准标志、标准广告和成熟的规范性功能要求，由商场环境的总设计单位统一设计、协调；二是由各品牌销售商自己设计，由总设计单位做各区域的总协调和衔接；三是以上两种方法同时采用。

从空间组织上看，其建筑多采用大型的竖向组织，把地下及地上若干层组织成为停车区域、商品展销区域、顾客休闲服务区域、后勤保障及管理区域；包括库房办公室、设备用房等。庞大的立体商店群，不仅为顾客提供丰富的商品，而且为顾客能尽可能长时间逗留提供各种服务和娱乐空间和设施，如中庭花园、餐厅、咖啡饮食和其他一些休闲娱乐空间和项目。现在国内一些大中城市的百货商场向国外看齐，逐步向空间的大型化、多样化的趋势发展，成为综合性的购物、休闲中心。

综合商场、大型超级市场由于有较多的中庭、连廊、门厅、走道、休闲广场等公共性空间，还包括了众多的销售区、品牌店，对室内设计环境艺术的要求既综合也非常具体，所以本书以它为基础进行叙述。

（5）专业商店。

专业商店是构成综合百货商场、商业中心、专业市场的基本商业销售单元，形式多样。有在综合百货商店设专柜、开放式销售单元，也有置身其中的店中店，还有存在于商业街两侧和居民区内的独立店铺。由多种品种专业商店和销售单元组成即为综合商场的基本形式，由多家销售同类商品的专业商店组成即为专业商场（或市场）的基本形式。

专业商场营销方式，取向有高档化、时尚流行化、特色化、多样组合化等。其空间装饰设计也是最为活跃和多样性的，有汲取中西传统文化的，有地方风格的，有流行时尚的，有庄重大方的，有典雅优美的，有高技派的，有怪诞的，等等。如果说大中型综合商场的总体规划和设计一定要由经验丰富、知识面广的熟练设计师来担纲，那么大量的专业商店为广大有才华的青年设计师提供了广阔的展示舞台。

3．按销售形式分类

我国商场的销售形式从计划经济时期的完全闭架销售（指用营业柜台将顾客与售货员隔开，顾客要看什么商品要售货员逐件拿给），到改革开放初期随着商品经济的逐步完善，商品生产品种逐渐丰富，各地商场的销售柜台也逐步开放，陈列整齐、分类有序，让顾客随意拿看，售货员在一边随时解答顾客有关商品的问题。开架销售的特点是商品分类摆放，留出需要的通道和空间供顾客走动、挑选，方便轻松，最大限度地使顾客增加了与商品接触的机会。随着开架销售的普及，对商场内部的装饰也丰富多彩起来。

目前几乎所有大中城市的综合性商场都实行了开架销售形式，但是闭架销售形式并没有完全退出舞台，还是某些商品销售的必要形式。

（1）基本完全开架销售的商场。

以各类自选商场、超级市场、仓销式商场为代表，基本上采用开架销售，自由挑选商品出口处统一付款，但其内部仍有少数商品种类采用闭架式销售，由服务人员拿给顾客，这类商品基本上是较贵重的小商品。

（2）完全闭架销售的商场。

这类商场目前以专业商店为主，经销的商品限于珠宝、金银首饰、录像机及镜头、药品等少数体积小、价值大、易损坏和特殊的商品，但货架设计得尽量通透，观看角度尽量大，光线充足，有助于衬托商品的价值及便于看清细部。

（3）综合型开闭架结合的商场。

上述两种销售方式在一个大型综合商场的某一局部和某些专业店结合使用较为常见，也是比较合理的销售方式，而且这种方式对于系列化设计的商品较为有效，如某一品牌的服装及服装饰品，服装中的衣、裤、帽等开架摆放，将一些小的装饰品，如胸针、领带夹、皮夹、皮带、领带用设计精美的玻璃柜展放，一方面便于销售管理，一方面也能体现其价值及装饰性。也可将最新款式或最有价值的一款服装放入玻璃柜内，增加展示性。

第三节 购物空间规划设计基本因素

1. 对象因素

商场的规划设计应以商场的主要消费群体为经营对象，即顾客作为主要考虑内容。每个商场都有自己的经营策略，有自己的市场定位，每个商业经营业主都要进行"换位思考"，认真分析顾客的活动规律与心理、行为方式，使顾客乘兴而来，满载而归。

商场有城市中心型的、城市区域型的、社区服务型的，有大型的、小型的，有以休闲购物为主的，有以需求型便利为主的，有以经营平价商品为主的，有走高档品牌路线的。首先要根据自己的消费对象因素，确定商场的规划和设计。

2. 经济因素

商业空间是城市环境的服务性空间，也是最讲究商业经济回报的空间，规划设计既要考虑空间的功能和质量，也要讲究经济效益，既要使消费者赏心悦目，又要使顾客一跨进店堂就感到与自己的经济实力相吻合，敢于消费、放心消费。

3. 经营功能因素

是指商场在设计规划时，要充分考虑到商场业主的经营思路、经营方式和特点，充分考虑商场能够科学管理、合理经营。对商场的各功能分区，对顾客的活动特点和规律，对运货的方式、时间、路线，对工作人员的活动和管理方式进行充分研究，使商场的布局科学、合理，方便经营运作和管理。

4. 制约因素

在设计和规划商场环境时制约因素有几个方面，首先是环境空间的外部制约因素，如用地规模、城市交通、路口通道等。再就是设计依据有关的标准、规范、规定，如《建筑防水规范》、《采暖通风与空气调节设计规范》、《商业建筑设计规范》、《方便残疾人使用的城市道路和建筑物设计规范》等等。是必须执行的技术法规、标准，实际上这些规范也是经过多年多次的实践总结才逐步建立起来的科学依据。

5. 再发展因素

商业空间要考虑到使企业能够持续发展的各种因素，这其中包括对周围大环境因素的考虑和本身在商业竞争中能获得可持续发展的各种有利与不利因素的对策。

（1）销售方式的变化因素。当今社会信息发达，瞬息万变，商业竞争方式和手法层出不穷，短短十几年时间，我国商业零售业已经迅速从计划经济体系向市场化过渡，商场也从过去那种售货员才能接触到商品的封闭销售方式迅速转变为顾客能方便地挑选商品的开放式购物方式。还有电话、电视售货等方式，特别是近几年来互联网的发展，网上购物的形式成为年轻人常用的快速简捷方式、实用的方式之一。人们的购物心理也有"计划购物"、"快速购物"及"诱导购物"、"休闲购物"等多种方式。因此，我们还要更进一步关注销售方式的变化，因为它是社会生活方式、经济发展的缩影。

（2）销售空间概念的变化因素。以前在商场营业厅的平面布置中，有所谓的买方空间（即顾客活动空间）和卖方空间（即工作人员活动空间）之说。随着销售方式的变革，这一概念在我国各大中城市的综合商场的营业厅布置中被打破。以前那些用柜台围一圈，把营业员同顾客分开的做法越来越多地被开架销售代替。除了一些特殊商品，如金银珠宝、手表、小件贵重工艺品等外，一般作为商场前基本空间的营业厅空间，大概除了服装商场的试衣室只供顾客使用，收款台内空间只供工作人员使用之外，几乎没有严格的界限，即哪里是供工作人员使用的卖方空间，哪里是供顾客使用的买方空间（当然，作为商场后台的库房、办公室等工作人员专用的空间应是另当别论的，是限制非工作人员进入的）。虽然营业厅绝大部分不做买方、卖方空间的限制，但室内设计师在设计展台、设计展柜等设计室内流通路线时应考虑工作人员上货和服务的方便、顾客挑选物品的方便等功能因素。将来随着网上购物的普及，对传统商业购物的空间还会造成什么影响，也是我们要加以关注的问题。

（3）商品展示空间观念的改变因素。小型的商场、自选便利店等新兴的社区商业空间也尽力为顾客营造一个舒心的环境，开辟出小品、绿化、休息的空间。概念的更新是最广泛、最直接、最为大众所感受到的。首先是橱窗的运用。现在封闭的橱窗运用好像比以前少了，沿街的各专业商场早已没有改革开放前那种卖什么展什么的老式橱窗；代之以落地通透的大玻璃窗及门，里边是错落有致的展柜、现代装饰材料及设计构思精美的装饰造型。仅现代灯光所营造的怡人气氛，本身就是一幅幅精美的、活动的、立体的画卷。而各种开放、半开放式的橱窗展台利用现代设计理念，不仅宣传商品，而且宣传营销理念、宣传企业文化、宣传品牌效应，即使是有的封闭的橱窗也应用现代材料和光、电设施创造出更加多彩的艺术空间。

展示空间的变化，还在于店堂环境的美化，从以前仅仅注重橱窗的美化和布置，到现在的营业厅做全方位的渗透，表现在每个商品销售区都从环境的造型、色彩、灯光、材料的装修装饰手段和商品摆放陈列艺术进行全面、系统的美化。为了不断有新的展示方式、展示内容，许多商场都会隔一段时间推出新的展示活动，如服装节、商品新品发布、促销让利措施等。伴随着这些措施，会有各种各样的主题文化活动，还有综合商场每年出于商家调整和商品布局调整等方面的原因，总有15%～20%的销售区域更新陈列方式，或更换商品布局，也使得顾客对商场的环境保持一定的新鲜感。所以，我们在做营业厅总体规划与设计时，也要充分考虑这一因素。

　　（4）其他方面的再发展因素。如建筑及环境的扩展因素，交通和人流导入的扩展因素，商场与经营品种的扩展因素，绿色、环保要求的因素，商场设备的更新、升级、更换的因素等。

第四节　购物空间规划设计应注意的问题

1．商业空间的选址要与城市发展相结合

无论是根据城市的发展态势，综合城市的人口、居住区、交通状况创造一个新的商业区域，还是在已有的城市环境中寻找合适的商场位置，从一个侧面反映了商业空间选址的重要性。任何商家都会将经营场所设在城市商业活动频繁、便利的区域和主要街道上，方便聚集人气，"酒好不怕巷深"的传统经营思想已经落伍。

2．重视整体构思与策划

现在的商场设计已经不是原来那些简单的建筑的体量和柱网的排列，而是从商业定位、经营理念、管理模式到整体建筑设计、环境规划与室内设计一整套精心的思考、策划、设计、检验、修改、实施的过程。首先要建立在大量的市场调查基础上的消费主体的定位，而后再确定经营性质、规模，在商品营销策略指导下的空间构成与环境设计。根据商业环境地理、人文、条件的不同和对顾客心理行为深入地分析融入设计师自己具有创新性和独特性的设计理念。

3．选择合适的构成态势与规模

城市中的商业区域或商业中心等商业空间集中的区域，一般都是以一个商业核心（一条主要商业街、一栋复合商业建筑或几个大型购物商场或大厦）形成它的中心部分，再配以周围的商店、餐厅、休闲娱乐设施向周围分布。商业空间的聚合形式如表1-1所示。

商业空间的规模与规划设计的对象在城市中的地位有关，是城市中心型的，还是区域型的，或者是社区型的（如表1-2所示）。不同类型的商业空间，其客流量不同，特别是大型商场（如前所说的核心商场），规划其客流规模有一个最基本的指标，既要满足业主对销售量和利润的追求，又要求在商场中购物的顾客有舒适的活动空间。有研究表明空间尺度中人的密度为：①当4 ㎡／人时，每位步行者可在各个方向上自由活动；②当2 ㎡／人时，顾客对周围的人持警戒态度；③当1.5 ㎡／人时，步行者之间产生逆行等冲突。因此商业空间规划人的流量与面积，商品销售的密度都应该注意疏密的关系问题。

4．重视商业建筑中的公共环境空间

随着人们生活水平的提高，购物行为从单一的"需求型"向更多的"休闲娱乐型"发展，从各级商业中心到社区便民商店越来越重视商场的公众活动空间环境的设置。

在大型购物中心中供顾客观赏、休息及方便人流交通疏导的前厅、中庭、绿地、广场等空间，小型的商场、自选便利店等新兴的

表 1-1 商业空间的聚合形式

商业聚合形态	"点"式	"线"型	"面"状	"体"式
平面简图				
空间特征	独立式建筑 内部空间贯通	建筑沿交通线排列 构成街道空间	建筑分组成群 片区整体规划	建筑竖向开发 高层地下结合
交通组织原则	利用周围街道 合理组织内外流线	建立步行优化交通组织系统	组织区域交通体系纳入城市网络	利用多层空间开发立体交通体系
规划设计要点	合理利用基地组织商业环境 满足购物行为需求设计空间	重视街道空间环境设计 图底结合统一考虑空间	合理规划城市空间序列 建立富于个性购物环境	综合利用城市地下空间 开发高层节约城市用地
常用建筑形式	大厅式 中庭式	拱廊式 骑楼式 街道式	组群式 广场式 庭院式	复合空间式 高层式
环境意象简图示意				
商业建筑类型	大中型商场 市场	商业街 步行商业街	购物中心 商业广场	复合商业大厦 地下商场

本表摘自《建筑设计资料集》。

表 1-2 商业空间的规模

类型	城市中心型	城市区域型	社区型	便民型
类别	城市商业中心	区域商业中心	居住区商业中心	街坊、小区、商业点
顾客对象	本市及外地顾客	本区及过往顾客	本区及邻区住户	本区住户
经销商品	名、特、专、时新商品	时新品及日用品	日用品及时新品	日常必需品
购物规律	刺激诱导消费	诱导需求型购物	需求型购物	基本型、补充型、应急型
到达方式	乘车30分钟	乘车10分钟	步行8~10分钟	步行3~5分钟
停车场地	公共汽车、自行车……	公共汽车、自行车……	专用自行车停车	
行业配置	商业、饮食、娱乐	商业、饮食、娱乐	商业、服务业	

社区商业空间也尽力为顾客营造一个舒心的环境,开辟出小品、绿化、休息的空间。

5. 完善配套设计

商业空间聚集大量人流,除了售卖空间、库房、职员办公室和公共环境空间等主要功能空间之外,配套设施及空间的完善必不可少。首先是周围的公共汽车站、出租车停靠站、交通工具停放处。现在随着家用小汽车的普及,周围是否有足够的泊车位已经是一个很重要的问题。因此，现在规划的大中型商场、购物中心均在考虑设置地下停车库的问题。有的还设置架式多层存放设施，并且根据当地小汽车的普及水平和今后的发展计算足够的停车位。

大量人流的引入和送出，人流和物流的集散，路线的合理安排在空间处理中留有足够的空间与合理的布局，这又是一个应充分注意的问题。此外，盲道的设置，残疾人轮椅坡道的设置，扶梯和升降梯的设置，公共卫生间、公用电话的设置，儿童活动区域、顾客接待处等人性化空间的设置，为顾客提供了更多的方便。

大量的现代设施和设备的安排，进一步舒适和方便了顾客，如现代的大中型商场几乎都采用了空调系统，很多都采用了人工照明或以人工照明为主的光线设计，采用了计算机结算和管理系统等。除此之外，在消防疏散等安全保障方面也采取了相应的措施和必须预留的足够空间。

6．休闲和高度娱乐化倾向

大型商业建筑与餐饮结合，已成普遍的布局形式，休闲购物之余，在旁边就近吃些特色小吃，歇歇脚，再接着逛确实方便。现在越来越多的大型商业中心纳入了咖啡厅、茶馆、夜总会、美容院、健身休闲中心、游泳池、影剧院，以及展览馆、图书室等内容，形成了以购物为中心、集多种休闲娱乐为一体的商业空间。这种商业中心，特别重视各功能空间的连接、过渡与公共环境的规划布置。

7．注重商业文化性的塑造

商业建筑空间环境的设计应该有自己的个性，也有自己的文化性。首先，作为建筑空间中最具活力的建设形式强烈地装饰着城市，或新奇时尚，或典雅大方。其次，还可以与地方传统文化结合，与地域气候特点结合，与商业企业的营销策略与形象相结合，甚至与幻想中的未来场景结合，色彩缤纷、五光十色，突出自己的特色，为城市添彩。

第五节　购物心理与购物环境的关系

1. 购物的心理过程

心理学家研究了消费者在购物时的心理和行为过程后告诉我们，消费者在购物时一般要经过认识过程、情感过程和意志过程三个阶段。

（1）认识过程。认识商品是购买行为的前提，消费者在最开始通过感觉获得的商品信息，通过外界的刺激，如商品的包装、陈列、现场广告、传媒宣传、别人介绍等，再经过内在的心理活动、记忆、思维、想象，形成了对商品的认识和对进一步行动起影响作用的初步印象。

在这个过程中，常常离不开商品本身特性和环境的诱导，如有序得体的陈列与摆放，生动独特的橱窗展示，新颖别致的广告宣传，大方得体的服务介绍，优雅舒适的店堂装修都会使消费者感到身心愉悦，从感觉到认识商品的质量和商家的实力，产生购买的冲动。

（2）情感过程。这是一个从认识的基础上经过一系列的观察、对比、分析、思考直到作出判断的心理过程。以下因素都可能影响消费情绪和购买行为：

① 商品本质的影响，是否美观、实用、物有所值。

② 商品陈列、包装、宣传的影响，商品广告、宣传的合理性是刺激购买的主要因素。

③ 购物环境的影响，得体、优雅、舒适、安全的环境吸引顾客想来、爱来，来了想多待一会儿，增加顾客与商品接触的机会，刺激购买的兴趣。

④ 商家形象、信誉度的影响。

（3）意志过程。在前两个阶段的心理活动已经有了明确的购买目的的基础上，经过检验，排除其他不购买的干扰因素，最终实施购买行为的心理决定过程。

2. 购物的行为方式与诱发原因

购物的消费行为方式根据心理准备的有无可分为两种基本类型：

（1）计划性购物，这是一种主动性购买的行为方式，又有两种不同的情况：

① 目的明确的购买，从选定的商品品牌、价格，去哪里购买等因素完全确定，去到商场直奔所需商品的销售区，目光集中、方向明确。

② 计划明确，但目标有选择，确立自己需要哪种商品，但对商

21

品的品牌、价格等因素还需货比三家，才能确定，这类顾客选择的
商场对其所需的商品有多种选择。其目光集中，有确定的注意范围。

（2）诱导性购物，这是一种被动购买的行为方式，也可以分为
两种情况：

① 有购物的想法和欲望，没有目的和具体的计划，但对去商场
或休闲娱乐持积极的态度。

② 根本没有购物的想法和欲望，连去商场也是被动的，陪同朋
友、家人逛商场。被动购物行为表现为去商场无一定目标，脚步缓慢，
行动无规律，目光东张西望，必须在购物环境的各种因素影响下，
才能形成购买行动。

商家应针对以上两类消费的行为方式，采取留住第一类，争取
第二类的对策。对上述两种购物行为方式及厂商应对措施，可用图
1-32 表示。

是什么原因和动机在促使支配消费者的购物行为，心理学家及
有关专家的研究表明，有以下心理因素在起作用：

① 新奇：新鲜的事物总是能勾起人们的兴趣。新奇的商品、新
奇的包装、新奇的广告，以至于新奇的环境都能引起顾客的极大兴
趣，这也就是好多商场总有少数销售区在调整装饰设计和根据季节、
促销的需要调整陈列设计的原因之一。

② 爱好：人与人之间，不同的消费群体之间都有不同的喜好，
商家在同一类商品中经营不同花色的商品，商业环境也根据消费群
的定位和年龄、职业、文化层次的不同作相应的考虑。

③ 习俗：各个地方、民族的地方性特点和风俗习惯对购物心理
也能产生较大影响。

④ 追名：人们在追求名牌的同时其实也有两种消费心理在起作
用，一是对商品的依赖度，二是对拥有名牌的满足感。

图 1-32

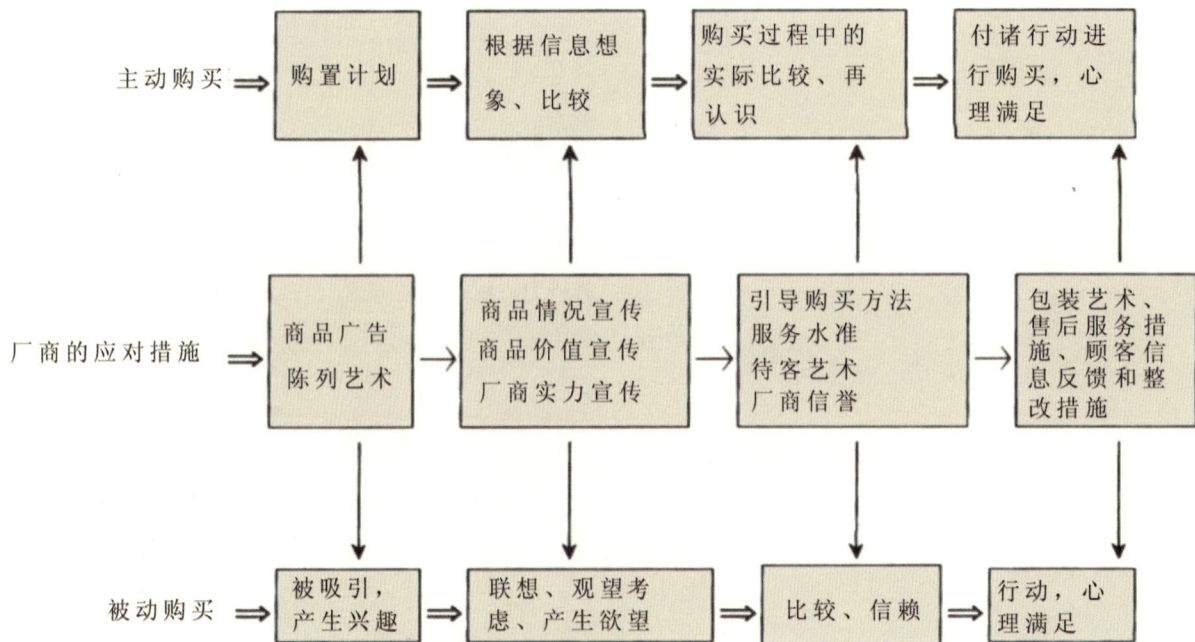

⑤ 趋美：美好的商品放在美观的环境中，唤起人们美妙愉悦的购物感受。

⑥ 求实：商品的实用性，无论是日常生活所需要的还是精神生活需要的（如图书和艺术装饰品等）实际也是商品的根本属性，因此是否需要还是占主导地位，在实用的基础上追求前五种是支配消费者购物的心理因素。

3. 购物心理与购物环境

不同顾客的需求目标、需求标准、购物心理等差异，会表现出各种购物行为，但对购物环境的要求是大体相同的。

（1）购物环境的便捷性与经济性。就近购物、方便快捷、省钱省时，这是普通消费者的选择，因此商场业主选择交通便利的街道和人口较密的居民社区开店是非常重要的，对于任何一个商店业主来说，"选址"是第一要做的事。

小商店、连锁便利店、售货亭应该设在居民出入密集的地方，多数居民步行或骑自行车购物服务半径以不超过300m为宜。大型的综合商场、超市、购物中心，也应该在交通方便的地段，除了公共交通方便外，还应留有自行车停放处。在我国大中城市还应考虑适当的小汽车停车场（区域型和城市中心型的商业区域规划由政府或大型商业企业统筹考虑设有停车场）。建在城乡结合部的大型超级市场和仓储式商场需要开设专车到交通要道口和指定地点接送顾客，等于从另一个角度为消费者提供了便利的购物环境。目前城市购物中心、大型超市还普遍存在着用商场的手推车将物品运至停车场，再用汽车运回家的现象。

（2）购物环境的聚集性和选择性。顾客为了得到价廉物美的商品，只能通过多方比较、多样选择、多处观察、多种认识才能完成，"货比三家"是大家都知道的道理，说明购物选择的重要。那么购物环境就不能是一家，不能是少数商品，应该是具备多家商店、多种商品、多种花色、多方信息的整体购物环境。这也是商业聚集效应产生的原因。

人类具有从众的行为习性。我们经常可以看到，只有一家，只有个别人甚至无人进的商店，那么这家商店则更少人进入，反之，很多人在排队购物，则顾客会越集越多。这种聚集效应也会促使许多业主采用联手的"链式经营策略"，多家商店，相同商品聚集在一起共同营销，电器一条街、服装街、食品街、装饰城等专业街区也就应运而生了。

在综合商场中，服装、裤子、衬衣、家电等也有相当一部分是同类商品多种品种形成专门的销售区域，便于顾客挑选，也是出于聚集性摆放便于选择的目的。

（3）购物环境的标志性与识别性。这里特别显示了商店形象策划和环境设计的重要性，同一条街上，经营同一类商品的商店有很多，一般顾客是不记门牌号码的，但设计独特的商店标志与门面、橱窗摆放、广告宣传都给消费者留下了深刻的印象。因此，正是商业环境设计的新颖性、独特性和可识别性，才造成整个商业街区五彩缤纷的景象。

（4）购物环境的舒适性和美观性。前面讲过，提高购物环境的舒适度，能提高消费者来的次数和逗留的时间，也就为多接触商品提供了机会。诱导性购物就是把那些有意无意来逛商场，休闲购物的人群吸引过来，使其轻松购物，潇洒享受。

创造舒适的购物环境，有两方面的内容：①视觉的愉悦感，对造型、色彩、材质、光线等店堂环境的组合安排使人产生的愉悦感。②身体触觉的舒适感，适合的温度，如夏季需要空调，调节空气使顾客久留；对通道完善、路线安排、扶梯的合理设置、合理的休息空间等设施都要作精心安排。

（5）购物环境的安全性和可信性。购物环境的安全性与舒适性同等重要，或者说在保证安全的前提下追求舒适性，安全性问题达不到国家有关规范的要求，具有一票否决的作用。第一，设备设计安装的安全性问题包括电路设计的安全、电梯运行的安全、电动扶梯运行及周围护栏的安全、防火疏散的安全等。第二，场所设计中对顾客可能造成的伤害问题如商场某一部位有水源可能弄湿地面，或过于光滑的地面材料会造成顾客的滑倒，通道过窄或电梯、楼梯数量不够容易造成人员拥挤受伤，商品柜台的边角过于尖锐会碰伤顾客等。第三，环境设计规划，应避免引起顾客心理恐惧和不安全的因素。比如拥挤的出入口、楼梯和通道，担心自己会被挤伤，拥挤的柜台前掏钱包会不会遗失等。第四，是商品本身的防盗安全问题，怎样能在不伤及正常顾客合法权益的情况下打击盗窃。

商场的可信性，从另一方面也说明了企业品牌的重要性。美观舒适的环境，井然有序的销售区布置，琳琅满目的商品陈列，五彩缤纷的广告宣传，合理明确的商品介绍标价牌，都能影响顾客对商场的依赖度。

商场的可信性也是靠管理措施和本着以人为本的原则逐步在顾客心中建立起来的，如维护顾客权益方面，重点在"杜绝假货"和"打击价格欺诈"的不良商业行为，使得顾客对商场表现出购物的放心。前两年在我国大中城市就开展了"百城万店无假货行动"，许多著名的老牌名店积极响应，挂牌参加。

第一个重要的措施是有效处理顾客对商品的质量投诉。举一典型事例：前几年新闻媒介报道，海南某消费者在海南市乐普生商厦购买了某世界著名品牌的电视机出现质量问题后，商场积极协助顾客索赔未果，宣布在自己的柜台撤下该品牌所有商品，直到该生产商的代表作出经济赔偿并赔礼道歉为止。当时这家世界著名厂商的各类产品一直都非常好销，撤下其产品不仅要冒终止合作的风险，还要承担经济损失，但商场这样做，维护了消费者的合法利益，同时又树立了自己在消费者心中的良好形象。

注：本节内容摘自刘盛璜《人体工程学与室内设计》商业行为与店堂设计的有关章节，并根据笔者的设计实践进行了补充、修改和重写。

第六节　商场各功能的系统设计

　　所谓系统设计是把对象作为一个有机的整体，进行有机的、动态的研究和形象性表达。现代设计的环境复杂化了，应考虑的问题和涉及的因素越来越多，设计师如欲在设计全过程中，充分掌握其全盘性和相互联系及制约的细部等问题，一定要有系统的观念，这样才能更好地控制各设计因素，提纲挈领地解决问题。

　　数字化时代的来临对全球的发展提供了机遇与挑战，从第一台计算机诞生至今的半个世纪以来，先后出现了"后工业社会"、"信息化社会"、"知识经济"等概念，这一切意味着我们已迈入数字化时代，接受着时代化系统设计所带来的机遇与挑战。

　　为了明确商场设计中各个功能之间的层次关系，便于我们整体地考虑问题和便于应用计算机进行现代化管理，也应利用系统设计的思想方法对商场的各个功能部分进行归纳，使得它们之间的关系脉络明确。下面初步对其系统状况进行了整理和罗列，见图1-33至图1-37。

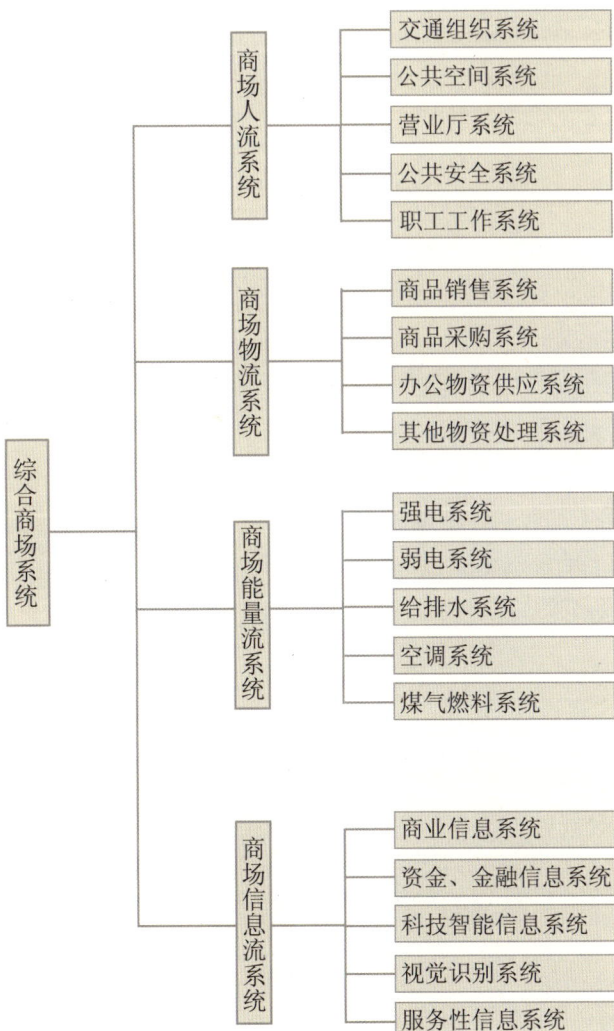

图 1-33

综合商场系统

- 商场人流系统
  - 交通组织系统
  - 公共空间系统
  - 营业厅系统
  - 公共安全系统
  - 职工工作系统
- 商场物流系统
  - 商品销售系统
  - 商品采购系统
  - 办公物资供应系统
  - 其他物资处理系统
- 商场能量流系统
  - 强电系统
  - 弱电系统
  - 给排水系统
  - 空调系统
  - 煤气燃料系统
- 商场信息流系统
  - 商业信息系统
  - 资金、金融信息系统
  - 科技智能信息系统
  - 视觉识别系统
  - 服务性信息系统

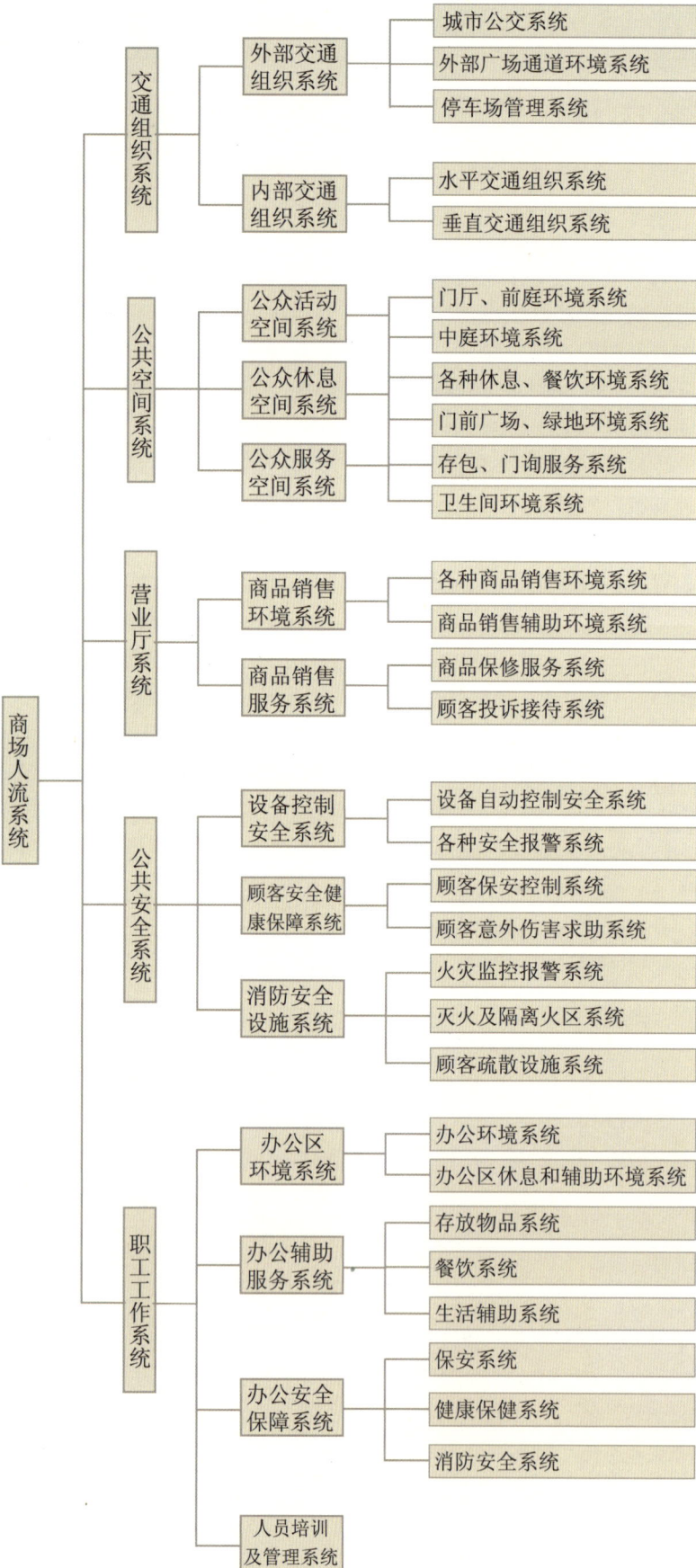

商场人流系统

- 交通组织系统
  - 外部交通组织系统
    - 城市公交系统
    - 外部广场通道环境系统
    - 停车场管理系统
  - 内部交通组织系统
    - 水平交通组织系统
    - 垂直交通组织系统

- 公共空间系统
  - 公众活动空间系统
    - 门厅、前庭环境系统
    - 中庭环境系统
  - 公众休息空间系统
    - 各种休息、餐饮环境系统
    - 门前广场、绿地环境系统
  - 公众服务空间系统
    - 存包、门询服务系统
    - 卫生间环境系统

- 营业厅系统
  - 商品销售环境系统
    - 各种商品销售环境系统
    - 商品销售辅助环境系统
  - 商品销售服务系统
    - 商品保修服务系统
    - 顾客投诉接待系统

- 公共安全系统
  - 设备控制安全系统
    - 设备自动控制安全系统
    - 各种安全报警系统
  - 顾客安全健康保障系统
    - 顾客保安控制系统
    - 顾客意外伤害求助系统
  - 消防安全设施系统
    - 火灾监控报警系统
    - 灭火及隔离火区系统
    - 顾客疏散设施系统

- 职工工作系统
  - 办公区环境系统
    - 办公环境系统
    - 办公区休息和辅助环境系统
  - 办公辅助服务系统
    - 存放物品系统
    - 餐饮系统
    - 生活辅助系统
  - 办公安全保障系统
    - 保安系统
    - 健康保健系统
    - 消防安全系统
  - 人员培训及管理系统

图 1-34

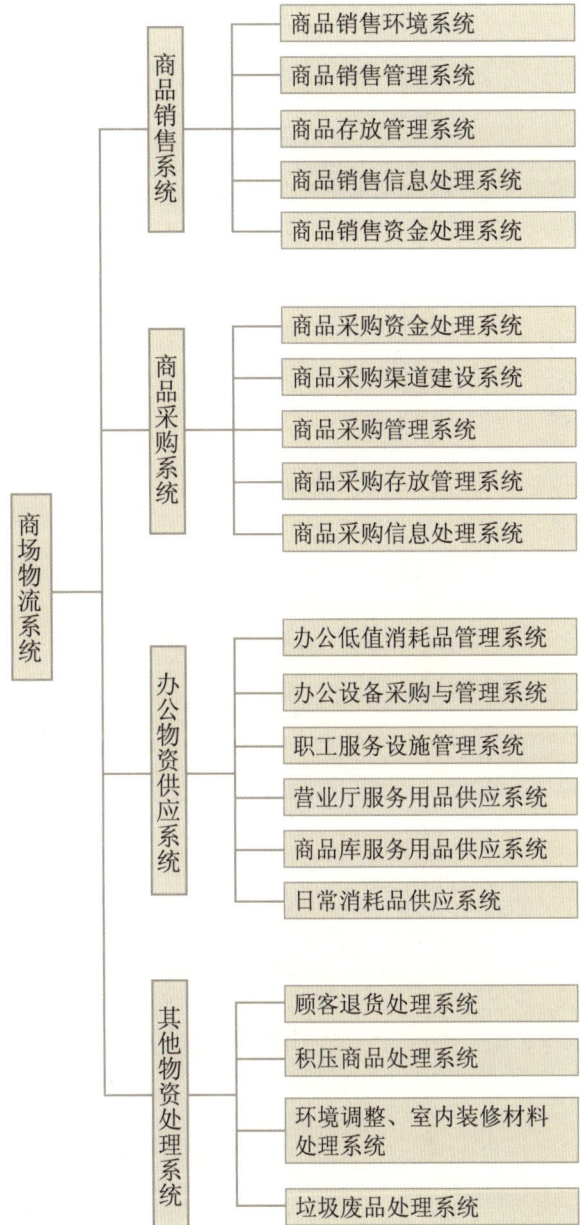

商品销售环境系统

商品销售管理系统

商品销售系统 —— 商品存放管理系统

商品销售信息处理系统

商品销售资金处理系统

商品采购资金处理系统

商品采购渠道建设系统

商品采购系统 —— 商品采购管理系统

商品采购存放管理系统

商品采购信息处理系统

商场物流系统

办公低值消耗品管理系统

办公设备采购与管理系统

办公物资供应系统 —— 职工服务设施管理系统

营业厅服务用品供应系统

商品库服务用品供应系统

日常消耗品供应系统

顾客退货处理系统

积压商品处理系统

其他物资处理系统 —— 环境调整、室内装修材料处理系统

垃圾废品处理系统

图 1-35

27

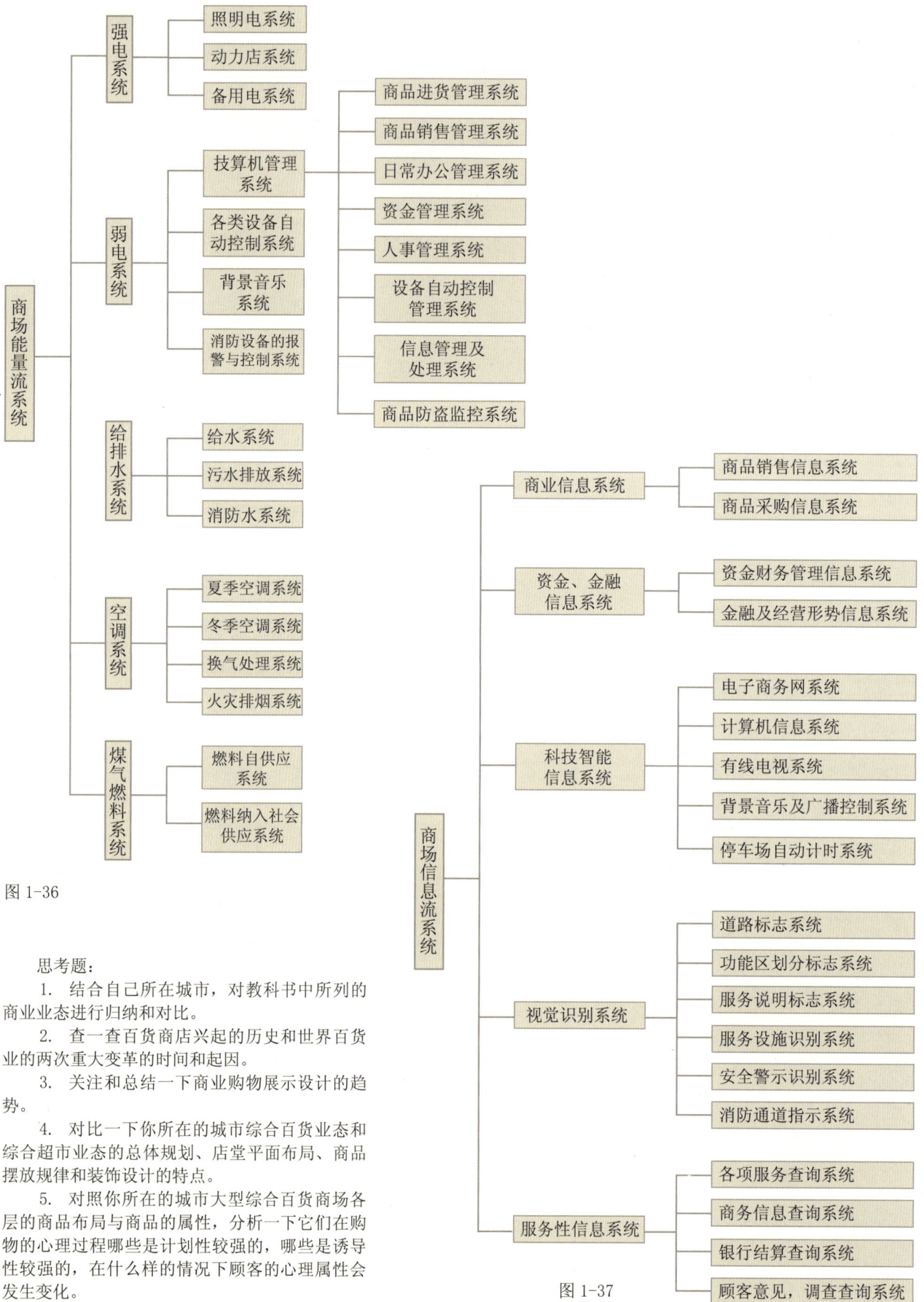

图 1-36

强电系统
- 照明电系统
- 动力店系统
- 备用电系统

弱电系统
- 技算机管理系统
  - 商品进货管理系统
  - 商品销售管理系统
  - 日常办公管理系统
  - 资金管理系统
  - 人事管理系统
  - 设备自动控制管理系统
  - 信息管理及处理系统
  - 商品防盗监控系统
- 各类设备自动控制系统
- 背景音乐系统
- 消防设备的报警与控制系统

给排水系统
- 给水系统
- 污水排放系统
- 消防水系统

空调系统
- 夏季空调系统
- 冬季空调系统
- 换气处理系统
- 火灾排烟系统

煤气燃料系统
- 燃料自供应系统
- 燃料纳入社会供应系统

商场能量流系统

思考题:

1. 结合自己所在城市,对教科书中所列的商业业态进行归纳和对比。

2. 查一查百货商店兴起的历史和世界百货业的两次重大变革的时间和起因。

3. 关注和总结一下商业购物展示设计的趋势。

4. 对比一下你所在的城市综合百货业态和综合超市业态的总体规划、店堂平面布局、商品摆放规律和装饰设计的特点。

5. 对照你所在的城市大型综合百货商场各层的商品布局与商品的属性,分析一下它们在购物的心理过程哪些是计划性较强的,哪些是诱导性较强的,在什么样的情况下顾客的心理属性会发生变化。

商场信息流系统

商业信息系统
- 商品销售信息系统
- 商品采购信息系统

资金、金融信息系统
- 资金财务管理信息系统
- 金融及经营形势信息系统

科技智能信息系统
- 电子商务网系统
- 计算机信息系统
- 有线电视系统
- 背景音乐及广播控制系统
- 停车场自动计时系统

视觉识别系统
- 道路标志系统
- 功能区划分标志系统
- 服务说明标志系统
- 服务设施识别系统
- 安全警示识别系统
- 消防通道指示系统

服务性信息系统
- 各项服务查询系统
- 商务信息查询系统
- 银行结算查询系统
- 顾客意见,调查查询系统

图 1-37

28

第二章　购物空间平面设计

GOU WU KONG JIAN PING MIAN SHE JI

第一节　总平面布置

　　室内设计是建筑的室内设计,所以建筑也是室内设计的基础。
室内设计师在设计之前首先要拿到该建筑完整的建筑平面、立面、
剖面或实地测绘的图纸。因此在此先简要地介绍一下建筑师在设计
综合商场(或称之为大中型商场)时应考虑的几个要点。

　　(1)大中型商场建筑基地应选择在城市商业集中区或主要道路
的适宜位置。

　　(2)大中型商场应有不少于两个面的出入口与城市道路相邻接;
或基地应有不少于1/4周边总长度和建筑物不少于两个出入口与一
边城市道路相邻接,基地内应设净宽度不小于4m的运输、消防道路。
基地和城市道路关系如图2-1。

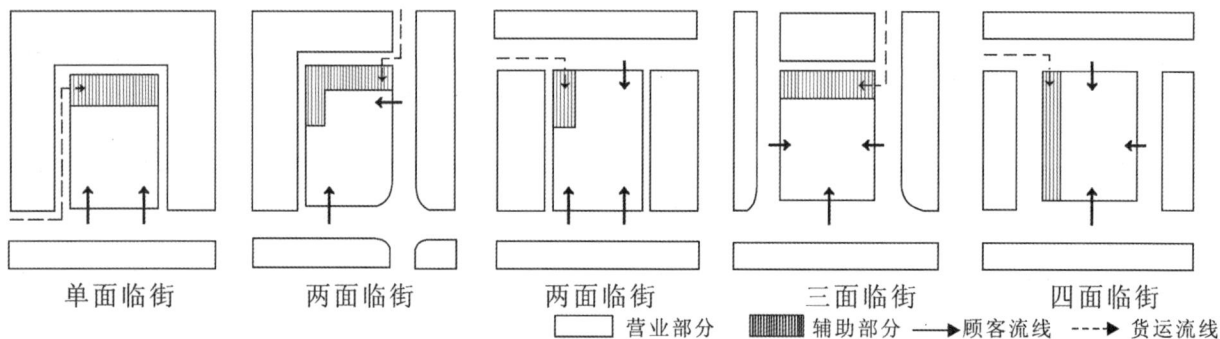

| 单面临街 | 两面临街 | 两面临街 | 三面临街 | 四面临街 |

　　□ 营业部分　▓ 辅助部分　→ 顾客流线　---→ 货运流线

图2-1　商场与道路的布置关系

　　(3)大中型商场建筑的主要出入口前面,应按当地规划及有关
部门要求,设置相应的集散场地及能供自行车与汽车使用的停车场
或建有地下停车场。

　　(4)总平面布置应按商场使用功能组织如顾客流线、货运路线、
员工流线和城市交通之间的关系,避免相互干扰,并考虑防火疏散
安全措施和方便残疾人通行。

　　有关大中型商场的功能流程图详见图2-2。

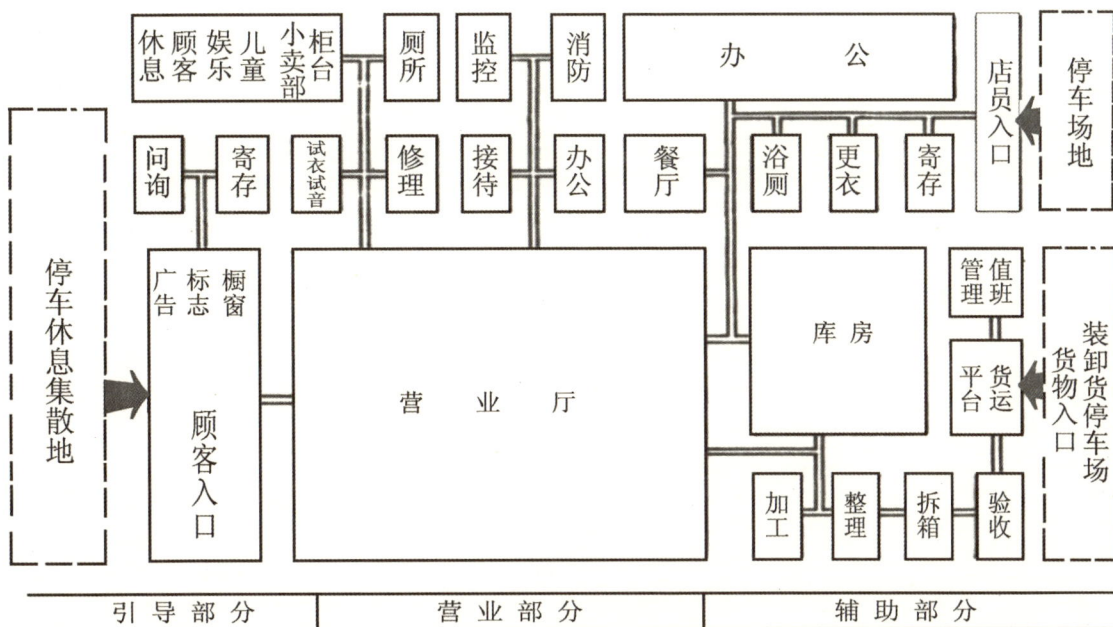

图 2-2　大中型商场功能

表 2-1 为商场面积定额参考表。值得注意的是，在我国商场纯营业面积与总有效面积之比加快了向国外靠拢的趋向。如 1995 年在哈尔滨商厦的室内设计中，业主要求在每层留的仓储面积不足 10%，原因是另有大面积的专用仓库在附近。而 1998 年在为南京和包头利德隆超级商场做前期规划方案，2001 年为太原梅园百盛商厦设计总平面时，商场一般都在营业厅内仅考虑少量小库存够 1～2 天营业之用，而库房均在商场上部的塔楼里考虑（裙楼作为商业空间租与售的价值远高于塔楼），可最大限度地利用商业价值大的营业厅，大幅度地提高纯营业面积的比值。因此，这启发我们能否在一些地处大中城市的商业黄金旺地的商场多开辟一些营业面积，或供顾客活动的辅助面积，留少量库房面积供 1～2 天营业之用，将部分库房建在地皮相对较便宜的地方或采取租用的办法解决。

目前，大中型综合百货商店的纯商业销售区域与商场总面积之比在 50%～60% 之间。越是高档的百货商场，由于铺内面积较大，顾客休息的空间、通道宽度都比较大。纯商业销售面积所占的比例反而较小，但综合超市的营业面积（亦可看做部分存储面积）要高得多，一般有 60%～70%。

表 2-1　商场面积定额参考表

规模分类	建筑面积(m²)	营业(％)	仓储(％)	辅助(％)
小　型	<3000	>55	<27	<18
中　型	3000～15000	>45	<30	<25
大　型	>15000	>34	<34	<32

注：①此表摘自《商店建筑设计规范》JGJ48-88。
　　②目前国内外大型综合百货商场纯营业厅与总有效面积之比通常在 50%～60% 之间，设计档次越高的商场的比例越低。

第二节　营业厅平面设计

1. 营业厅建筑与室内设计要点

营业厅设计是商业购物空间的主体,也是室内设计的重点区域。应该说,几乎所有的美学考虑都在营业厅的设计中得到体现。

(1)为了加强诱导性和宣传性,营业厅入口外侧应与广告、橱窗、灯光及立面造型统一设计;入口处在建筑构造和设施方面应考虑保温、隔热、防雨、防尘的需要;在入口内侧应根据营业厅的规模设计足够宽的通道与过渡空间。

(2)大中型商场顾客的竖向交通,以自动扶梯为主,楼梯和电梯为辅。自动扶梯上下两端连接主通道,周围不宜挤占、摆放,前方3m范围不宜他用。当营业厅内只设置单向(一般是上)自动扶梯时,应在附近设有与之相配合的步行楼梯。

(3)营业厅内应避免顾客主要流向线与货物运输流向线交叉混杂,因此,要求营业面积与辅助面积分区明确,顾客通道与辅助通道(货物与内部后台业务)分开设置。

(4)应在大中型商场的各层分段设置顾客休息角,在中庭及其他适当位置设置小景和集中休息区,如咖啡厅、冷热饮室、快餐厅、幼儿托管区、吸烟区等附属服务项目。

(5)小型商场一般不设顾客卫生间,但大中型商场应按其大小隔层或每层设卫生间,且卫生间应设在顾客较易找到的位置。(商场内部要设指引牌引导顾客找到卫生间等辅助设施。)

(6)现代商场,尤其是大中型商场在有条件时应尽量采用空调系统来调节温度和通风。如果采用自然通风,外墙开口的有效通风面积不应小于楼地面面积的1/20,不足部分以机械通风补足。

(7)现代大中型商场、大城市中的各专业商场,目前已采用以人工照明采光为主,以自然光为辅的照明方式,有的干脆全部采用人工照明。在这种情况下,除了用于商品陈列的直接照明或投射照明、用于烘托气氛及装饰效果的重点照明和间接照明之外,还应增设安全疏散用的事故照明及通道引导灯。

(8)营业厅在非营业时间内,应与其他商业空间如餐厅、舞厅等隔开,便于管理(尤其是在复合型商业大厦中)。

(9)在可能出现不安全因素的地方应增加安全防护措施或提醒性标志牌,在商场较大、通道疏散口不易找的情况下,要设置通道引导牌。在装饰设计时要注意原有建筑设置的防火分区卷闸应予保留,并保证需要时能通畅地拉下;入墙消防箱在装饰设计时应予保留或在美化时应设有明显标志，营业厅内通往外界的门窗应有安全措施。

（10）现代商场室内设计应表达商场的基本要素：展示性、服务性、休闲性与文化性。

（11）根据商场的经营策略、商品特点、顾客构成和设计流行趋势及材料特性确定室内设计的总体格调，并形成各售货单元的独特风格。

（12）商场室内设计的基本原则是在满足商场功能的前提下，使其色彩优雅、光线充足、通风良好、感官舒适。其基本目的是突出商品、诱导消费、美化空间。

（13）室内装饰用可燃材料的总量应不高于防火规范所规定的平均每平方米千克数，且墙面、天花、地面等固定装饰设计尽可能不用或少用木材，造型需要用的部位，其背后应按规定涂刷防火涂料或按消防规范的要求采取措施。

此外，还有两个因素只是建筑商与业主考虑的，一般室内设计师只能被动地接受，这两个因素就是柱网的布置和营业厅的面积控制。但室内设计师应发挥自己的主观能动性，克服某些不足之处，充分考虑建筑的结构形式，将自己的设计与建筑师的设计有机地融合在一起。

2. 营业厅的空间形式与流向线设计

一般常见的营业厅的空间形式如图2-3所示。

其中"1"为中型商场常用形式之一；"2"、"3"为大型商场常用情况且中庭式为国外商场常用的形式，有的大型商场还设有两个以上的中庭；"4"多用在多个专业商店进行组合的形式；"5"～"8"或是建筑师想利用基地形状的特殊性多利用空间，或是想使室内空间层次更丰富、流动性更强，或是想利用相邻的两幢建筑，或是想让顾客在不知不觉中上到最高一层（例如"8"）而考虑的形式，错层式能够创造出层次感非常丰富的空间效果，室内设计师在作此类空间设计时应充分把握这一点，但也要注意空间的统一性和秩序性，

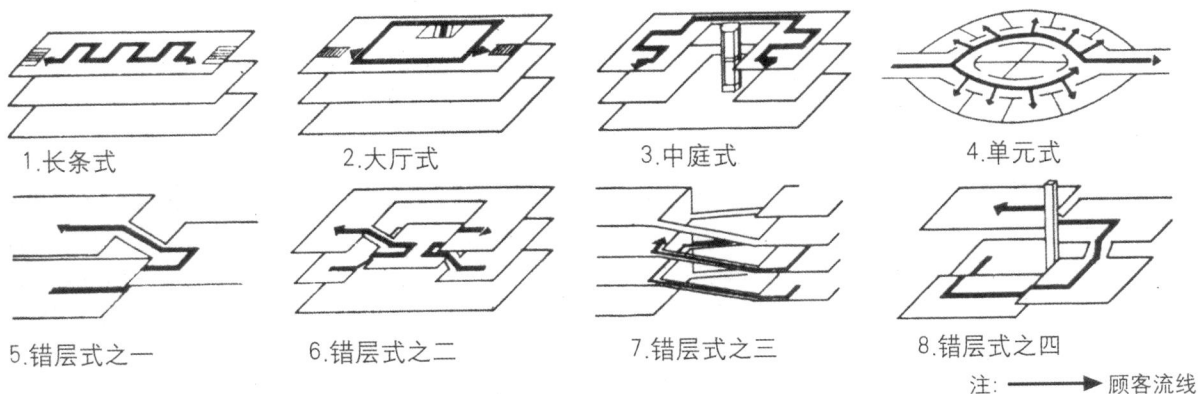

1.长条式　　2.大厅式　　3.中庭式　　4.单元式

5.错层式之一　　6.错层式之二　　7.错层式之三　　8.错层式之四

注：→ 顾客流线

图2-3　营业厅的空间形式

不要把整体效果搞得杂乱无章。

图 2-4 是典型营业厅顾客主要流向线与入口、楼梯的简要概括平面。实际上，许多商场的平面形式以及三种主要流向线（顾客、货物、工作人员）的布置要比下图复杂。

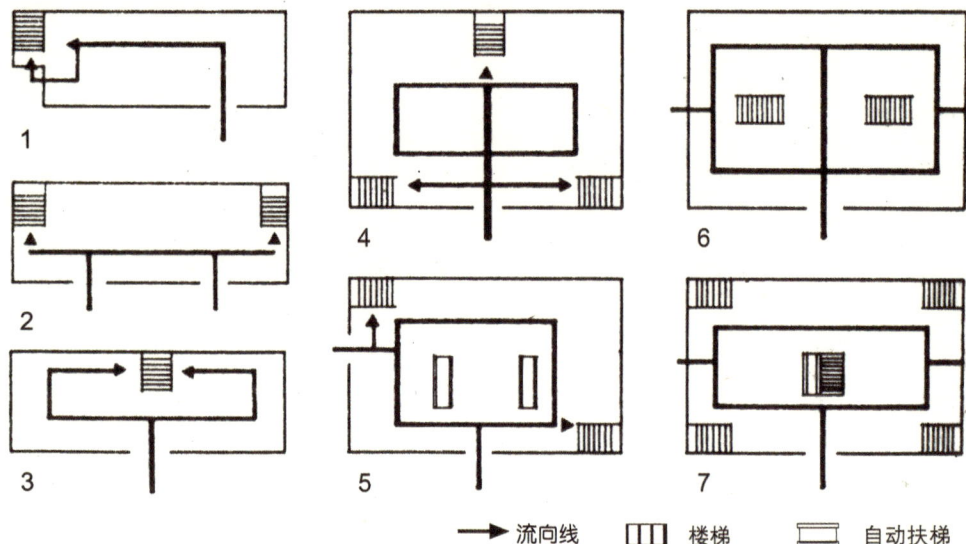

图 2-4　主要流向线与入口、楼梯简要概括平面

在前面曾提及应避免顾客主要流向线与货物运输流向线交叉混杂，除此之外，营业厅流向线设计还应注意以下几点：

（1）三条流向线（顾客、工作人员、货物）的交叉点（如门口、电梯厅等），如果实在避免不了顾客主要流向线与货物路线交叉时，应设立过厅，加宽通道以疏通空间，并在使用时间上错开，减少混乱现象。

（2）流线组织应使顾客能顺畅地浏览选购商品，主通道和区域性通道应随着柜台的摆放环向贯通，避免死角并能安全、迅速疏散。

（3）横竖主通道的交叉处应避免尖角。如有，可通过装饰的处理，形成较为艺术的过渡性空间。

（4）水平流向线应通过幅宽的变化、地面材料、图案的运用，与出入口、扶梯、楼梯的对应位置关系，区分出主、次流向线的关系。

（5）垂直流向线应能迅速地运送和疏散顾客人流，交通手段在营业厅的分布应适当，主要扶梯、楼梯及电梯应靠近主出入口。

（6）大件商品货物的运输路线应尽量短、方便，另外还应充分考虑顾客购买大件商品运送的方便。（大件货物现在一般都由库房直接出货，商店送货上门服务。）

图 2-5 所示，营业厅两条主通道交叉处用地面和天花界定了一个圆形的过厅。类似于道路交叉处的广场通道，转角处展台则作切角处理。

图 2-5

第三节　营业厅的基本尺度与陈列方式

1. 柱网层高尺度

以前我国建筑师设计的营业厅柱网尺寸，多是以闭架销售方式的

标准货架宽 450mm，标准柜台宽 600mm，店员通道宽 900mm，购物客宽 450mm，行走顾客通道宽 600mm，N 为顾客股数，当 N=2 时顾客通道最小净宽 2.1m。

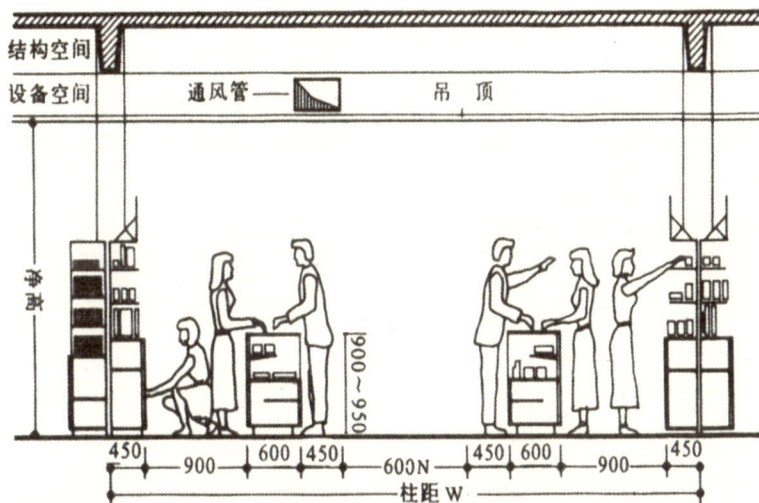

图 2-6　柱网、层高的确定

表 2-2　营业厅最小净高与一般层高

通风方式	自 然 通 风			机械排风和自然通风相结合	系统通风空调
	单面开窗	前面敞开	前后开窗		
最大进深与净化高比例	2：1	2.5：1	4：1	5：1	不限
最小净高（m）	3.20	3.20	3.50	3.50	3.00
一般层高（m）	底层层高一般为5.4m～6.0m,楼层层高一般为4.5m～5.4m。				

设有全年不断空调、人工采光的局部空间的净高可酌减，但不应小于 2.4m。

柱柜 W 计算参考公式：

$$W=2×（450+900+600+450）+600N（N≥2）$$

两个柜台组之间相对的尺寸为基础设定的，一般都在 6m～9m 之间。现在的设计则灵活了许多，如果按现在开架为主的销售方式，当然是柜距越大越好，但考虑到柱网面积和设置与经济性的关系及建筑模数制，以 7.8m～8.4m 柱距最为常见，有关数据参见图 2-6 和表 2-2。

以上两种销售方式柱距的净宽度可以为 7.8m～8.4m，这种柱距在布置建筑梁柱的经济性和空间使用的灵活性方面都较好，在有地下车库时这种柱距可并排停放三辆小汽车。

35

2. 柜架摆放与陈列方式

以下为柜台及货架的基本摆放类型：

（1）封闭式（图2-7）。适用于化妆品、珠宝首饰、计算器、剃须刀、手表等贵重或小件商品销售。

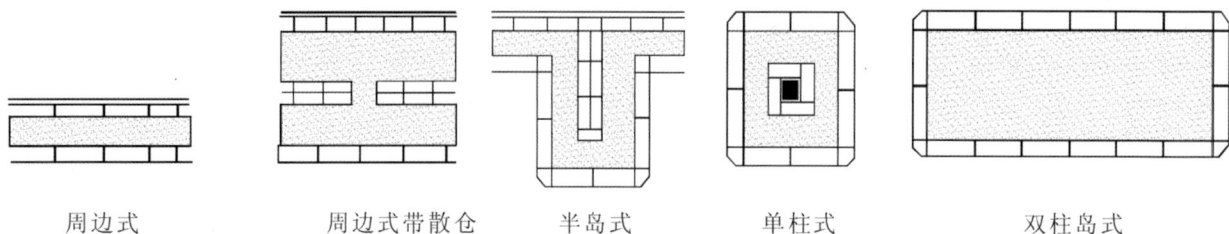

| 周边式 | 周边式带散仓 | 半岛式 | 单柱式 | 双柱岛式 |

图2-7　封闭式

（2）半开敞式（图2-8）。实际上是局部相对独立的开敞式陈列。它的开口处面临通道，左右往往同其他类似的局部开敞式单元相连而围绕营业厅的周边（墙面）布置，形成连续的由局部单元组成的陈列格局，这种格局在大中型百货商场内占有相当的比重，可以摆放不同品种、不同类型的商品系列。

从图2-8上可以看出，由于这种陈列柜架高低结合，又有一段墙面可供陈列，通过地面材料、高度的变化，天花标高、造型、灯光的变化，极大地丰富整个商场营业厅的形式和层次，甚至有的单元可以按生活场景来布置系列产品（如一个家庭的厨房设备及用具，一间卧房的家具）。

（3）综合式（图2-9）。也就是开闭架结合的形式，在现代商场的设计中也比较常见。如服装展区，服装可以用开架形式，服装饰品、领带类、皮带扣、胸针、领花等用封闭柜架。这种陈列布置方式也可以高低结合，层次丰富。

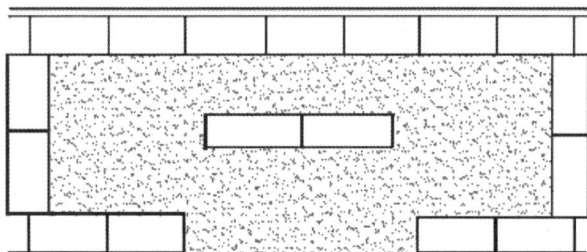

图2-8　半开敞式

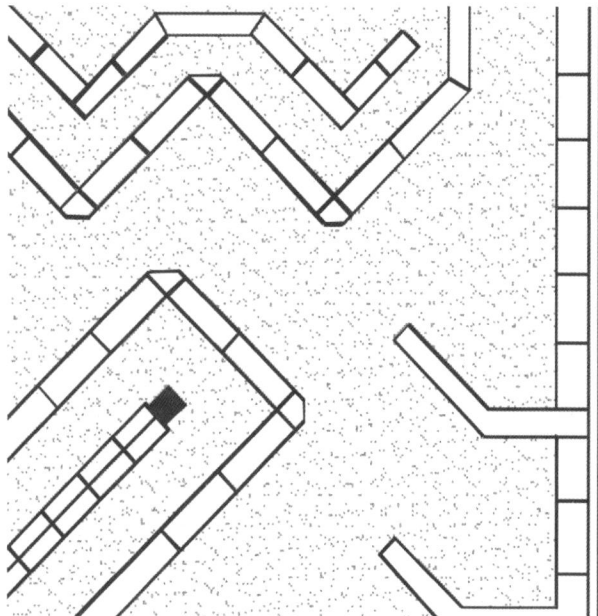

图2-9　综合式

图 2-10 沿墙布置的典型"U"形三
边围绕式男装开放式展销区。

图 2-11 沿墙布置的典型"U"形三
边围绕式女装开放式展销区。

图 2-12 沿墙布置的玩具展销柜。

图 2-13　为名牌时装系列展销区，高低结合，摆放和挂放结合，尤其是前部的低柜台，封闭与开放相结合。

图 2-14　营业厅中央以道路、天花界定的开放式服装展销区。

（4）开放式（图2-15）。这是目前和今后都大量应用的陈列形式。往往按不同的商品系列和内容，在商场大厅的中央位置分单元组合陈列，单元之间由环绕的通道划分，设计时应注意单元之间的独特性与单元内部陈列柜架的统一性。柜架的高度比较统一且一般不超过人体水平视线，尺度以易观赏、易拿取为宜，一般不做高柜架（尤其是中型商场），保持营业厅的通透度、宽敞感与明快感，在统一中求变化。

有时，在一个较大的区域里，几个单元使用同一造型、同一颜色的饰柜，同时天花与地面也不作较大的色彩与造型变化，而把丰富空间的任务交给商品。利用商品的造型、色彩以及各生产厂家的现场POP广告、灯箱、标志装扮空间，达到既烘托商品，又丰富空间的目的。（开放式设计的实例在后面的照片中您将会大量看到。）

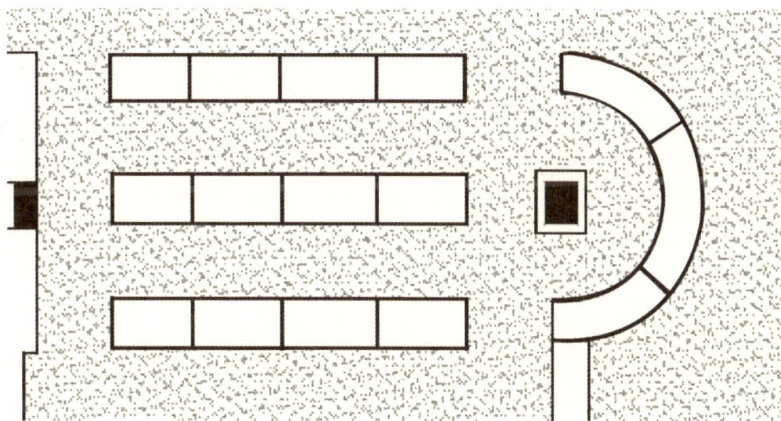

图2-15 开放式

3. 营业厅的通道宽度

表2-3是闭架式销售下各级通道的宽度，该表是根据1994年以前我国商场设计的大量数据统计得出的，有的已经使用了多年，在作封闭式销售空间的设计时是准确的。在表的最下边注释中也对无柜台销售区的通道作了一个笼统的折减。但近几年来，全国各大中城市除了特殊的商品组之外，绝大部分都采取了开架销售方式。尤其是各省会以上城市，各类大、中、小商店，能开架的几乎全部开架销售，甚至在有的专业精品店，较小、较贵重的商品也实行了开架销售。因此，对商场通道宽度的概念应有新的认识：开架销售方式使营业厅内基本取消了"买方空间"和"卖方空间"的概念，顾客活动和占用的空间大大增多，容纳量和通行量也大大增加。比如按原来的概念，大型商场两组营业柜台之间的通道，在柜台长度均大于15m时，往往宽度要大于4m，以应对相向而行的两股人流。在现代开放式设计的商场中，由于柜架周围留有顾客活动、挑选商品空间，每个单元又有环绕的通道；如果在主通道和次通道的布置、

交叉方面下一番工夫，作出合理的调配，碰到人流交叉相向而行等上述情况，一部分人流看到前方比较拥挤，会从旁边方便地通过。因此，我们认为，大型商场除了人流交汇的门厅、电梯厅等特殊的过渡性空间之外，一般主通道设计宽度可以不超过3m（个别例外），次通道或单元之间的环绕通道宽度在2.2m～2.5m之间，柜架之间的通道宽度有1.4m～1.8m已足够（特殊商品已超过2m）；还有的会更小一些（如高度在1.5m以下的成衣挂放架之间的通道，两个人能侧身就可以了），如距离为1m～1.2m。

表2-3　普通营业厅内通道最小净宽表

通道位置	最小净宽
通道在两个平行的柜台之间	
a.柜台长度均小于7.5m	2.2m
b.一个柜台长度小于7.5m 　另一个柜台长度为1.5m～7.5m	3m
c.柜台长度均为7.5m～15m	3.7m
d.柜台长度均大于15m	4m
e.通道一端设有楼梯	上、下两梯段之和加1m

注：①通道内如有陈设物时，通道最小净宽应增加该物宽度。
　　②无柜台销售区、小型营业厅依照需要按本数字20%内酌减。
　　③本表摘自《建筑设计资料集》。

4. 营业厅通道与柜架布置的组合形式

最基本的有三种形式：

（1）直线交叉型。也就是将每个柜架按照营业厅内的梁柱布置方式垂直摆布，若干个横竖垂直摆布的柜台形成一组基本单元，每个单元上横竖整齐排放。在商场大厅的某个区域形成类似于棋盘式的方方正正格局，通道互相垂直交叉。这种格局的优点是摆放整齐、容量大、方向感强，各级通道的交叉与出入口之间的关系较易处理；缺点是呆板、缺少变化。

（2）斜线交叉型。也就是将商品陈列柜架与建筑梁柱布置斜放一个角度（通常都是45°角居多），形成一个个三角形或菱形的基本单元，环绕单元之间的通道往往是斜的，但主通道应尽量保持与柱网的垂直与水平，以便于适应建筑的形式和出入口连接。这种布置的优点是整体有较强的韵律感，顾客在主通道上能看到较多的商品；缺点是容量不如第一种大，形成的一些三角空位需要作特殊处理。但按现代商场的设计观点，这种三角位正好可供设计一些独特的展台，成为这一片陈列空间的闪光点，从而为整个空间增色。

（3）弧线型。这里有两种情况，第一种情况是建筑本身就是圆形的，梁柱是放射形布置的，柜架及由此组成的单元顺理成章地排列成弧形。主通道视情况应是一条圆弧形的，还可视圆的面积布置一个十字交叉的直线主通道。

它们的单元通道往往是放射型直线的，柜与柜之间的支通道是弧线型的。第二种情况是在方形柱网尺寸之间营造出一个或多个圆弧形的陈列单元，这样的单元与四周直线型的通道形成弧线三角形区域，这种区域也可被利用作特殊展台。

弧形布置带来的美感可以在营业厅内营造一种优雅的气氛。它的缺点是柜架也必须是弧形的。此外，玻璃的弧形、不锈钢管材的弧形要特制，造价要比直线型的高不少，施工的速度也慢一些。

以上三种通道与陈列单元的摆放形式在很多场合并不是单独出现的，有直线与斜线式组合，也有直线与弧线式组合。可根据需要，灵活运用。

第四节　营业厅各层的商品分布与设置

在商场的布局设计中，首层处理显得较为重要，一般首层设计和布局有以下几个特点：

（1）首层室内、主入口处人工采光光线要较上面各层明亮，使顾客能适应白天从室外进入室内时的光线差。

（2）入口正面和中心区域商品要有一定精度和档次，以便第一眼就给人舒服、高雅而色彩鲜明、花色丰富的感觉。

（3）入口正前方和中心区的商品摆放区域，主通道要宽敞，且商品本身不会吸引大量人去购买、观看，造成通向其他各层的交通堵塞。

（4）靠近主入口的前部和中部区域最好摆放以闭架销售为主的商品，以便管理。

（5）销售需要广告宣传推销的产品、方便顾客购买的商品。2层和3层以摆放方便购买、诱导购买为主的商品，以及季节性、流行性强的商品。

金银饰品、天然宝石等价值昂贵且顾客流量和成交数量都不大（但价值大）的商品，应放在一个相对安全、便于管理，又相对安静、便于精心挑选的环境。手表和一些精品也习惯同金银放在相邻的地方经营。将手表及精品放在首层适当位置经营也是较适宜的。

文体用品、办公设备和家电等商品，一般都是计划购买的商品，放在楼层较高的地方问题不大（搬运均有电梯和服务人员，是不会成问题的。另外，现在许多大商场在营业厅只摆放样板供顾客挑选好之后从仓库直接给顾客送货上门）。

家具、照相器材等商品也是计划购买的商品，尤其是家具，一般家庭是不常购买的，放在最高层或地下是比较合理的。

下面是广州地区几家大中型商场的经营项目：

（1）广州百货大厦

1层：化妆品。

2层：①夹层：钟表、眼镜、工艺品、金饰、玉器、宝石。

②正层：女士服装。

3层：女士服装。

4层：男士服装。

5层：男女皮鞋、皮具。

6层：儿童服装、玩具、母婴用品、儿童精品、饰物、游乐、饮料咖啡。

7层：办公设备、文具、照相器材、文体用品、书包、贺卡、乐器琴类、名牌运动服装、健身器材。

8 层：电视、音响、家庭影院、家用电器。

9 层：家具、灯饰、电器。

（2）广州新大新百货公司东山广场

1 层：化妆品、各类自选商品、花卉。

2 层：①夹层：工艺精品及日用品自选商场。

②正层：男士服装、鞋帽、皮鞋皮具。

3 层：女士儿童商品、金饰钟表、寝室商品。

4 层：家电、玩具、文具、办公用品、体育用品。

（3）广州王府井商场

1 层：烟酒茶、日用精品、金融服务、各类食品、中西成药、自选超市、冷热饮料、滋补食品、化妆品、鲜花饰品。

2 层：办公用品、保健用品、家用电器、体育用品、茶艺乐园、社团服务、箱包皮具、鞋帽精品。

3 层：钟表眼镜、针棉织品、妇女用品、床上用品、儿童用品、精品书刊、照相器材、黄金珠宝、工艺礼品。

4 层：名牌套装、男女时装、休闲系列、衬衫名品、精品店廊、西点饮品。

5 层：国际名牌时装、精品皮具、皮鞋。

6 层：精品家电、音像制品、名牌时装。

7 层：高档家具。

大型商场人流多，一般都布置至少两面临街，它们的入口应为两处，或主要街道 2～3 处、另一街道 1～2 处，并专辟货运通道，各层商品的规划（假设为 5 层营业厅，每层面积为 2500m² ～ 3000m²）：

1 层：化妆品、鲜花饰品、人造首饰及头饰、服饰精品、烟酒专卖、滋补保健药品、食品自选商场（面包糕点、糖果饮料、速食食品、调味料、精炼食用油、精包装酱料、速冻食品等）、日用品自选商场（各种瓷器、不锈钢用具、玻璃塑料用具、家用器皿、日用清洁品、洗涤用品、日用小五金）、剃须刨、文具、打火机等以及金融、咨询服务。

2 层：如大型商场设有中庭或局部占有两层高度的大厅，形成一个局部夹层，在这个夹层相对独立的空间，一般都设金银珠宝、手表、钟表或一些精品廊。正 2 层为各类女士服装及男女内衣、袜子、针织衣裤、睡衣、儿童服装、玩具、床上用品、布匹（现在许多大中型商场都不卖布匹）。

3 层：各类男装、衬衣、男女运动装、男女皮鞋、男女皮具、旅行箱包。

4 层：文体用品、乐器、照相器材、健身器材、办公设备、各类家用电器（空调、冰箱、电视机、洗衣机、音响设备、音像制品）。

5 层：工艺美术品、金银玉器（如果没有 2 层夹层的话）、社团服务、顾客休息、冷热饮、快餐、高档家具广场。另外，如果没有 2

层夹层，把手表、钟表、眼镜放在1层或5层经营较为合适。

表2-4为百货商场营业参考表，归纳列出了大、中、小型商场的经营品种，供读者参考。

表2-4　百货商场营业参考表

经营品种 商店分级	食品	日用百货	医药用品	玻璃器皿	铝制用品	搪瓷器皿	陶瓷器皿	五金交电	家用器皿	自行车	缝纫机	文化用品	体育用品	儿童玩具	布匹	绸缎	呢绒	皮箱皮货	服装	衬衣	鞋袜	帽子	针织品	毛织品	床上用品	中西乐器	钟表眼镜	照相器材	金银饰品	工艺品	家具	建筑饰品	修理加工
小型商店		◪			◪	◪						◪		◪					◪	◪	◪	◪	◪										
中型商店	◪	◪	◪	◪	◪	◪	◪	◪	◪		◪	◪	◪	◪	◪	◪	◪	◪	◪	◪	◪	◪	◪	◪	◪	◪	◪	◪	◪		◪		
大型商店	◪	◪	◪	◪	◪	◪	◪	◪	◪	◪	◪	◪	◪	◪	◪	◪	◪	◪	◪	◪	◪	◪	◪	◪	◪	◪	◪	◪	◪	◪	◪	◪	◪

本表摘自中国建筑工业出版社出版的《建筑设计资料集》。

思考题：

1. 请根据你所在城市的某著名综合百货商场，画一张图2-2类似的商场功能流程图，做一下比较。

2. 分别调查你所在城市的有代表性的百货商场和超市的纯营业面积与总面积的比率。

3. 有条件的情况下，对百货商场时装区的沿墙"U"形专卖区（业内又称边框区）进行平面测绘或记忆绘图。

4. 有条件的情况下，对一个中小型百货商场的某一层平面进行测绘或记忆绘图。

第三章　购物空间细部设计

GOU WU KONG JIAN XI BU SHE JI

第一节　外立面

　　任何建筑的功能特点在其外立面的设计中都会得到体现，无论是休闲还是购物的人，在进入商业区后都会被争奇斗艳的商店门面，五光十色的招牌、广告所吸引，外立面会以自己独特的造型、色彩、材质和体量等向人们标明自己的存在。在商业街区的闹市里，店面的设计起到了一种对顾客"请君入内"的吸引效果，在这一方面，在大中型商场特别是那些超级规模的商业中心等无疑具有先天的优越条件。首先其规模之大，货品之多，知名度较高使得顾客纷纷有目的性地前往。它们根据建筑组织及经营类型有以下特点：

　　（1）大型复合商业建筑由于通常都由写字楼、酒店、商业中心或公寓、住宅、车库等多项生活设施组成，这个大厦或建筑群本身就可能成为城市的著名建筑或标志性建筑，而设在其中的大型商场又通常被摆在最方便易找的位置。这一类的例子国内有北京新东方广场、北京国际贸易中心、广州世界贸易中心、深圳地王大厦、重庆大都会广场（总建筑面积 22.5 万㎡，有商场、电影院、夜总会、溜冰场、五星级酒店）等。国外有美国圣·路易斯中心（基地面积 6 万㎡，商业零售面积 13.2 万㎡，包括两个面积之和为 9.7 万㎡的大型商场和 3.5 万㎡的零售单位，3.7 万㎡的办公写字楼面积以及面积 2.6 万㎡的 250 间客房规模的旅馆和有 1500 个车位的停车场）、美国达拉斯商廊（基地面积 18 万㎡，零售面积 13 万㎡，三个百货商场面积共 5.4 万㎡，185 个零售单元共 7.6 万㎡，两栋办公塔楼、旅店、多层车库共 8500 个车位）、日本神户时尚广场（一个集商业、饭店、

图 3-1

46

美术馆于一体的复合设施，总建筑面积 9.6 万 m²）等。这些复合商业大厦外观设计或庄重典雅、或时尚前卫、或造型独特，成为当地最著名的建筑组团之一，甚至享誉世界。

（2）新型商业街区、商业中心，以商业零售商场为主，集合餐饮、娱乐等设施组成。同商业复合型建筑相比，少了宾馆、写字楼等项目。建筑多以线、面构成。它们的建筑组成通常以核心商场为主，丰富的室内外环境极具特色，如美国伯灵顿的商业街，日本东京的太阳漫步市场，中国北京的新东安市场、广州的天河城广场等。

（3）以大型零售企业为核心的建筑（包括大型的零售商场和超级市场、仓销式商场），比起前两种，这一类整幢建筑基本上由一家大型零售企业进行管理和控制。国内比较典型的有北京王府井大楼、北京西单百货大厦、广州百货大厦、广州友谊商厦、上海友谊商厦等，大型仓储式商场有广州好又多量贩、正大万客隆，深圳沃尔玛等。国外这类例子也很多，有的规模还很大，这里就不一一列举了。

现在结合图片试说明一下大中型商场的外观规划设计以供参考：

（1）中国广州天河城广场（图 3-1），由大型的商业裙楼和二楼塔楼组成，也是我国知名度较高、较早形成的大型、超大型的商业中心。裙楼由地下一层（局部二层接地铁站）和地上七层，与近几年新建的地下扩建部分相连，商业面积超过 15 万 m²，图 3-1 显示了与新建的塔楼相配套。有的商业裙楼重新做了铝板外墙的外装饰，几个巨大的楼角分明的几何体组合在一起，显示其外观的现代、简洁、整体感好的特点。

（2）日本神户时尚广场外观设计（图 3-2），该建筑被公众视为时尚殿堂，设计师尝试将"时尚"这一概念建筑形态化。建筑的整体设计是把低层部分设计成以古代遗迹风化了的丘，在其上载着现代建筑，表现了由过去走到现在并且持续到未来的一种时间的持续流动，并且表现在流动中一边上升一边旋转，呈螺旋状前进的"时间流动"。尝试在这个螺旋状的时间流动中突然插入超越时空飞来的 UFO，从而切断了"时间流动"的这一"时尚"概念的建筑形态化。在造型上来看，飞碟状的巨大几何形体强调了主要入口和正面感观效果，和其他建筑形状形成强烈对比。

（3）中国广州正佳广场（图 3-3），与天河城广场一样，同样是由裙楼和主楼组成的超大型的商业复合广场，其商业规模超过 20 万 m² 的室内空间有多个中庭，与天河城广场之间相隔步行 5 分钟的距离。这个大型建筑设计由一家美国公司担任，因此其外立面的设

图 3-2

图 3-3

计具有一些美国大型商场的风格，试图用对外立面比较细致的手法消化其面积巨大所产生的单调感。

（4）日本大津PARCO（图3-4），处于大津市琵琶湖旅游区，主入口处于三角形尖角区域的两个造型新颖、现代、高低错落的圆柱形体与主体建筑的体量呼应，主体相对简洁的块面与两个圆柱细腻的结构形成对比，最前面一个圆柱体三条色带不仅丰富了外立面的色彩关系，而且和大楼的标志字母色彩呼应，对比关系、和谐关系、商场建筑的外观形象处理得非常好。

（5）日本太阳漫步市场（图3-5），位于东京都副中心位置，距住宅、商店、小型工场密集的市中心非常近。在这里搞复合都市开发的各种构想都与经济环境的急剧变化相呼应，抛弃了不符合实际需求的"高强度利用"的开发做法，而确定适应地域特点和时代变化的"低强度利用"的开发方针。于占地2.4万㎡的原炼钢工厂旧厂址建造一个不受机动车和自行车威胁的，男女老少均能舒适地消遣时间的，并且有市场乐趣的场所。它吸收了传统小巷、胡同、走廊等屋外生活空间的乐趣，在这里可以感觉到现代物质商业空间所没有的变化——可边说边走，一间换一间地逛商店；可以一边漫步在小巷中，一边愉快地购物，这种与自然环境变化影响相联系的通道式空间的普通场所，是日本过去就有优良传统的商业环境。"太阳漫步市场"这个新的商业环境作为都市的生活空间得到广泛认可。

（6）中国上海友谊商厦外立面（图3-6），它与相邻大厦方形与圆形、高与低两栋楼的体量进行对比和谐处理。友谊商厦本身入口立面的方曲、平面与方体、虚与实的关系非常和谐、有趣、时尚。

（7）莫斯科"固姆"百货商店（图3-7），是俄罗斯最出名的国家百货商场，位于莫斯科著名的红场东侧，建于1885年，具有欧洲风格的玻璃和金属天花板镶嵌在古老的俄罗斯式墙壁上，成了当时俄罗斯最现代化的建筑。

（8）太原梅园百盛商厦外立面设计（图3-8），该大型商场的总体规划为笔者主持设计。商厦位于太原市城市建设重心南移的新区中轴线上，毗邻高新技术开发区，坐落在太原目前人气最旺的新

图 3-4

图 3-5

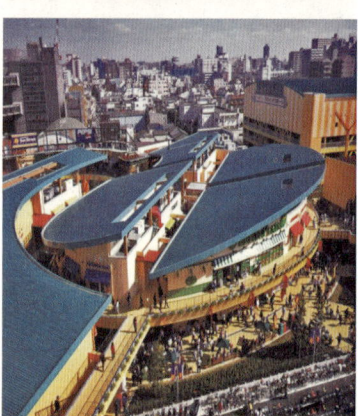

图 3-6

图 3-7

48

图 3-8

图 3-9

图 3-10

图 3-11

商业街亲贤北街与主要大道长治路的交叉点，是高层商住组团建筑的裙楼。整个裙楼长度约150m，宽约45m，商业总面积约3.5万㎡，是太原目前最大的商场。商厦巧妙利用原有的外立面的直线和弧线，凸出和凹进，彻底改变了原立面的形象。清新、亮丽、时尚，在整体简洁流畅、富于韵律感，局部精彩细致、富于时代感的思路下，将裙楼设计成仿若一艘乘风破浪的巨轮，暗喻梅园商厦要做山西"商业航母"之雄。

太原梅园百盛商厦外立面主入口晚间效果（图3-9），用现代材料及造型灯光手段进行设计，以柱头倒锥形造型，用特种玻璃和铝板做水平分割，效果醒目。画面左侧弧形墙面的圆形灯孔放射状旋转排列，与太原梅园百盛商厦的标志呼应，灯光色彩设计用红色、黄色、蓝色进行循环渐变。

（9）包头利德隆超级市场立面规划设计（图3-10），此为笔者主持设计的前期规划大型商业设施之一，总体二层，局部三层，相对水平展开，约4万㎡。外立面总体平淡、简洁，以突出平价商场的特点。入口立面作重点处理，左右两个飞碟造型吸引人们的视线，正面是简洁的玻璃幕墙，墙上贴醒目的商场标志，外立面的环境小品和灯架都以企业标志做装饰和宣传，这也是典型的城市区域型的大型超级自选商场的外立面处理方法。

（10）香港时代广场（图3-11），位于香港铜锣湾区。于1994年开幕，建筑物由基座的大型购物中心及两幢位于其上的办公大楼组成，购物中心占地共90万㎡，是香港最大型的购物中心之一。正门入口设有一个大型电子荧幕，正门外面的露天广场是行人休憩的地方，也是举办大型活动的热门场地。

中小型商店、铺面一般分布在大型商业街区内，由于不能像大型商场、复合型商业建筑那样以大的体量和对比关系从整体上处理，要独立地进行店面的设计和规划。

应注意以下要点：

① 造型要有个性化，不论是现代的、古典的、庄重的、

49

滑稽的，整体构图完整的还是局部故意破损的，都要有个性、有新意。

②材料的运用应讲究搭配和突出某一方面的肌理效果，如外墙铝扣板和反射玻璃，以及大片落地玻璃体现了材料的搭配；木材的肌理纹路与石材的不同搭配可以体现出古典的、豪华的搭配，不锈钢和各种仿金属胶板可以表现金属的光泽等。充分利用材料的装饰特性，可以产生千变万化的效果。

③色彩的运用讲究和谐与对比，其淡雅和强烈应视商品的特色、周围的环境与广告的效应而定。特别是专卖店，要根据商品生产与销售企业本身的色彩规划而进行，连锁经营店也要有本企业的标志色，在店面的重要部位，如入口处以及宣传栏、店徽、招牌、飘旗等处可作重点处理。

④灯光照明是最具现代感、最易变换，也是最易获得各种不同效果的因素，巧妙地运用可给店面带来无限的生机。灯具的运用也是点、线、面相结合，整体效果与局部效果、亮与暗、动与静相结合等。

⑤店面的广告效应是加深顾客印象的重要因素，有些著名企业的广告标志一看便知，任何商场都会把自己商场的名称、标志印在消费者心中。因此，广告的造型、色彩及悬挂的位置都会对店面的设计产生深刻的影响。

⑥要与复合性商业大厦总体立面规划相协调，在这一点上，大厦的业主会对中小型商铺的立面做一些整体性、原则性的规定或作出一些统一的安排。

图3-12：这是一个中小型专卖店外立面设计非常成功的例子。其利用玻璃和金属框做出的极具现代感的外观设计，虚实对比的橱窗与实墙面的划分，以及墙面的广告效果，使其在晚间产生强烈的视觉感受和品牌效果。

图3-13：为国外一家经营"彪马"运动休闲装店的外立面，素水泥的外墙与店面标志和室内景物形成很好的对比和衬托，室内色彩和光线透过大片玻璃传达了品牌的强烈信息和魅力。

图3-14：这个欧洲品牌在我国各地都有，这是位于广州天河城广场的门店，以品牌的标志色和极为简单的造型处理入口立面加上品牌标志，非常醒目。

图3-12

图3-13

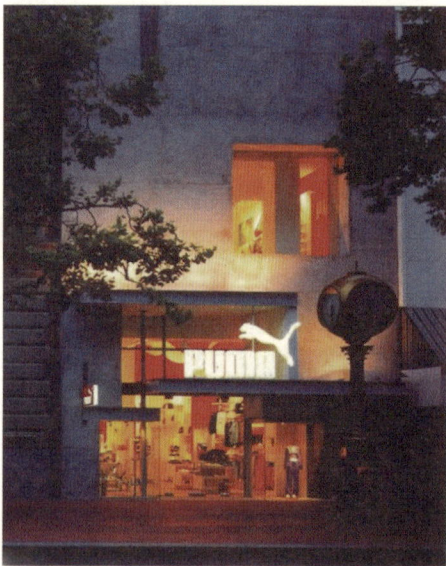

图3-14

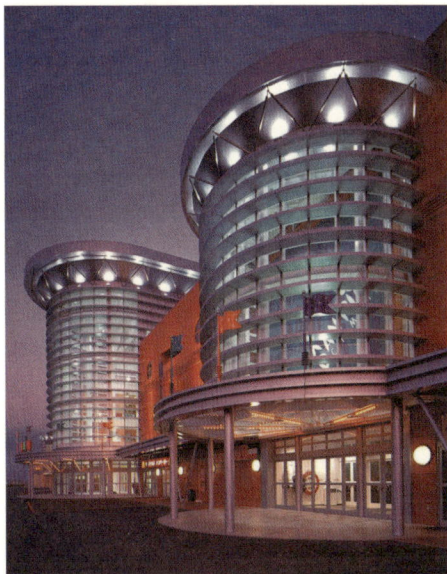

图 3-15

图 3-16

图 3-17

第二节 入口、门厅

把这两个部分放在一起讲，是因为从建筑空间的承上启下关系方面它们紧密相连，从最基本的功能方面讲都是引导和疏散客流。

入口处要醒目，尤其是大中型商场入口处的里外两侧应设置宽敞的入口广场和门厅（有的设置前庭），商场的主要入口一般在做建筑立面规划时，从造型、色彩等方面给予充分考虑。如前面图 3-9 太原梅园百盛商厦的外立面，整体简洁、局部精彩的处理思想，这个局部就是指正面入口和道路转角处等位置，正入口两个倒锥形的柱头高度有 5m，与左侧墙面的灯窗和右侧墙面的观光电梯一起对入口做了重点处理。

图 3-15：日本某超级市场的入口以圆形的造型与周围的实墙对比，强调入口的位置，在远处看非常醒目。

门厅及入口处的空间设置有如下功能：

（1）疏导交通、引导客流。

（2）在此空间设置问询处、咨询台、商场分区指示牌、导购牌等多项服务设施。

（3）与环境、绿化的良好设计相结合，形成商场或亲切宜人、或优雅时尚、或高档、或大众的商业氛围。

（4）有些商场的入口门厅与宽大的前庭或入口广场相结合，除了上述功能之外，还与顾客的休闲、小坐相结合，形成丰富的城市商业景观。

图 3-16：广州广百百货天河店的入口处。

图 3-17：广州天河城商业中心的主入口门厅，靠近广州市主干道之一的中山大道，两层高，宽敞开阔。从这里向前、向左、向右都与通往各处通道相连，也可乘扶梯直接上二层以上各层商业区，其顶棚、地面的灯光和造型设计紧扣"天河"主题。

图 3-18：香港铜锣湾广场的门厅与前庭相结合，成为一个花团

图 3-18

图 3-19

图 3-20

图 3-21

图 3-22

图 3-23

锦簇的休闲广场。

图 3-19：香港时代广场的门厅设计得宽敞明亮、气氛宜人。

图 3-20：日本某大型商业中心的入口三层通高，纯白色时尚、明亮，有助于突出其他室内设计元素。

图 3-21：这是设在大型商业中心内一个鞋类专卖店的入口，造型简洁、色彩鲜艳，门内柱子的设计呼应商店的主题，强烈吸引人们的注意力。

图 3-22：这个过厅空间虽然不大，但非常巧妙，主墙壁上各层的经营指示牌将壁面点缀得五彩缤纷。中间的沙发无论色彩还是造型对空间的点缀都非常美妙，整个空间简单、实用、亲切、有趣。

图 3-23：日本某商业街入口处的咨询服务台，其造型色彩醒目、协调，与周围环境相得益彰。

第三节　中庭（前庭）

　　中庭是大中型综合商场，特别是大型商场的公众活动空间（相对于销售用的营业空间而言）历久不衰的空间形式。它对于活跃空间气氛，组织和丰富空间层次，调节空气流通，提升整个商场的空间质量和档次，具有非常积极的意义。

　　在国外，大型商场、步行商业街都设有一个甚至多个中庭，随着我国对外文化技术交流的广泛进行，在宾馆、商场等大型公共建筑中越来越多地运用了美国著名建筑师波特曼的"共享空间理论"。中庭所设置的形状、层数也丰富多彩，有的两三层高设置一个中庭，有的从首层或地下室开始一直到顶（作为商场，一般到裙楼之顶）。由于有的商场层数达到十几层，各层建筑空间围绕中庭展开，加强了整个商场公共空间的通透性、流动性和观赏性，所以使得整个商场空间气象万千、丰富多彩。设置中庭空间具有以下意义：

　　（1）丰富空间层次，强化商业气氛。五光十色、熙熙攘攘的人群，

图 3-24

通过中庭，尽收眼底。图 3-24 为香港时代广场的中庭，设计的主旨就是通过中庭的空间层次、大幅的广告、川流的人群使视线流动起来，丰富商业气氛。

（2）形成交通枢纽、组织空间秩序，大型商场一般都会围绕中庭组织横竖向交通，人流在这里交汇。图 3-25 为日本横滨皇后广场从地下三楼到地上四楼的巨大中庭空间"中心站"，其周围除了布置专卖店街外，地下四至五层还预留了横穿城市该街区的地铁站，从图中可以看出除了巨大的扶梯之外，还有新型的观光电梯。

（3）强调生态绿化倾向，形成舒适空间：生态、绿化主题，越来越多地运用在大型商业空间之中，将植物、花卉、小桥流水等优美景观引入商场中庭。如图 3-26 所示日本某商业中心的中庭景观优美丰富，使人流连忘返。

图 3-25

图 3-26

（4）宣传企业品牌、美化商场形象。如图3-27所示，笔者主持设计规划的太原梅园百盛商厦中庭以梅园的"梅"作为企业的标志，同时利用这个图案装饰栏板、地面，尤其是空间花球雕塑的造型，与大厦标志图案相呼应。色彩鲜艳，是空间的点睛之笔。

（5）组织多种活动，增加休闲空间。在目前的大型商场建筑和装饰设计中，不论是中庭，还是前庭（位置不同但功能基本相同）都尽量被用作消费者的休闲广场，同时也是向市民展示业主的关心，展示商业企业文化的良好舞台。中庭作为大型的室内广场，常被用来举办商品展示促销活动、产品现场发布会、商场举办的美食节、服装表演等，形成商场的"广场文化"。

随着市场经济的发展，商场早已从过去的"卖方市场"转为"买方市场"，市民的消费也由需求型转向休闲型，面对市场变化，商家们也一改"认钱不认人"的做法。改善经营策略，注重以人为本，吸收文化养分，实行文商联姻，提高企业内涵，完美企业形象，以此来营造一个雅俗共赏、老少咸宜、文明经商的文化氛围。

图 3-27

图 3-28：香港某商场的中庭，优美的轮廓线条用
灯带加以强调，用时尚材料装饰的扶梯动感十足地穿
插其间，体现了商场的时尚与繁荣。

图 3-28

图 3-29：欧洲某大型步行街，利用几
条传统街道进行改造形成了大型的室内中
庭。

图 3-29

图 3-30

图 3-31

图 3-32

图 3-30、图 3-31：巴黎老佛爷商场的中庭有着传统的欧洲古典美。

图 3-32：广州正佳广场的主中庭，其大小在商场中是比较大的一类，而且透着层高的提升，其上部与建筑的顶棚结合更加开阔，这个中庭是中庭空间各种功能的综合应用的例子。

中庭的作用有的比较综合，有的则偏向其中一项或几项，比如图 3-24，综合性强一些，图 3-25 交通组织性强一些，图 3-26 绿化、景观效果强一些。

国外的中庭，有许多与绿化、景观结合，供前来休闲购物的人休息、小坐、喝咖啡饮料；中庭根据建筑情况如大小、形状，设计风格也有许多变化。

图 3-33：迪拜购物中心中一处室内商业街公共空间场景，二层空间中天花的建筑装饰处理极具时代感。

图 3-34：西埃德蒙顿购物中心商场的中庭，从其建筑形式上看具有历史感和文化传统。

图 3-35：香港时代广场中庭，以优雅的曲线和古典的彩色玻璃图案天花来营造中庭气氛。

总之，中庭作为商场内最醒目，通常也是面积最大的公众活动空间，应当在设计中给予高度重视。

图 3-33

图 3-34

图 3-35

第四节 自动扶梯、电梯、步行楼梯

自动扶梯、电梯、步行楼梯是联系商场各楼层之间的垂直交通枢纽，也是商业空间中重要的公众活动空间。它一般都在人群活动的中心位置。

1. 自动扶梯

自动扶梯是大中型商场垂直运输客流的主要通道，其连续运送客流量的能力最大，在一般商场的人流集中区，前庭、中庭及商品集中售卖区域都设有自动扶梯。在大型商场往往根据分区和空间设置情况，布置多处自动扶梯。

自动扶梯设置时的排列情况，一般为两部并排放置，一上一下运行，在不同楼层的相同位置设置（图3-36）。也有不同楼层在不同位置放置的。还有把一上一下的自动扶梯以剪刀形摆放（图3-37），与并排摆放的扶梯所不同的是多层扶梯可以连续上或下，不像并排扶梯当从第一层上至第二层，再想接着上第三层时要步行绕至上行的扶梯再上。在视觉方面，空间动态感强一些但摆放得不好会感到空间凌乱一些。还有自动扶梯中间与步行楼梯一起排列的（图3-38），也有自动扶梯只有一部单独排列的。

自动扶梯的栏板用厚玻璃，扶手用橡胶材料，扶手下部常装有专业光管，随自动扶梯轮廓形成光带，照明和装饰一举两得。扶梯下部的楼梯梁和传动部分的侧面用镜面和亚光不锈钢，也有用钢板和铝板表面喷涂特种漆面，还有用装饰木材和石材装饰的。更有按

图 3-36

图 3-38

图 3-37

59

后现代主义手法设计的这一部分用玻璃将里面运行的机械暴露作为装饰的。自动扶梯作为公众的主要活动空间，周围的装饰设计根据建筑空间的情况有多种个性的规划设计，现结合图片说明。

图3-39：香港时代广场中庭之一弧形扶梯，形成了优美的曲线和新颖独特的形象设计。

图3-40：日本的八王子东急广场的中庭，垂直交通布置在这张照片中表现得非常明确。自动扶梯、步行楼梯和观光电梯不但在这里形成了交通枢纽，而且与中庭的整体规划一道形成了商场川流不息的人流和气象万千的商业氛围。

图3-41：香港某商场的中庭扶梯，与图3-36的扶梯形式相同，但设置的位置略有不同。不同的楼层，相同的区域，错落有致的位置设置，灯带、镜面、不锈钢材料装饰的扶梯动感十足，穿插于中庭，为商场增添了不少活力。

图 3-39

图 3-41

图 3-40

图 3-42：扶梯侧面的数字标明了楼层数，其卡通形象非常有趣和亲切。

图 3-42

2. 电梯

在这里着重讨论设在商场重要位置或中心位置的观光电梯，它们一般设在商场的开放性空间，最多设置在中庭、前庭这些多层贯通的空间或外立面上，它们在功能上是自动扶梯重要的补充。乘坐电梯可以最迅速地到达商场的高层位置，是残疾人、老人等特殊人群必不可少的交通工具。另外，它能装饰和点缀空间，使空间动感更强，更具活力。

图 3-43：北京新东安市场的新型钢结构构架电梯的首层情况，与图 3-44 相比，少了外围上部的玻璃围护，有种高技术派的结构美。

图 3-43

图 3-44

图 3-45

图 3-44：日本某大型商场中庭的新型观光电梯，采用钢结构与玻璃构造相围护。它的最大特点是不需要钢筋砼的电梯井道（观光电梯的这种井道外观不太好看，无机房和采用液压系统），改装和增建相对方便。

图 3-45：中国广州正佳广场中庭的观光电梯，采用钢化玻璃装饰外立面，整体上简洁、美观。

图 3-46

3. 步行楼梯

在大中型商场，步行楼梯是自动扶梯和电梯垂直交通的补充手段（这里讨论的步行楼梯不包括专用消防楼梯）。根据建筑情况设置多层位置相同的开放式、半开放式步行楼梯，也可以在局部设置个性化楼梯，加强两层之间的功能联系和装饰空间。

图 3-46：美国某商场的旋转楼梯，线条极为优美，楼梯顶部天花造型简洁大方，而栏杆做得非常细致、精巧，形成了很好的对比。

图 3-47：伦敦 ASPREY 时装店的旋转步行楼梯，总体非常轻盈，外观时尚，线条流畅，与建筑环境配合得非常融洽。

图 3-47

图 3-48

图 3-49

图 3-48：日本某商场的步行楼梯，鱼骨式结构，构造简洁、时尚。

步行楼梯在专业商店、店中店、大中型商场的专卖区也经常用到，它们所起的竖向交通作用很大，有的还是非常重要的空间装饰物。

图 3-49：英国一家时装店，用不锈钢栏杆和拉索以及玻璃栏板和踏步做楼梯，体现了高技术派细腻的美感。

图 3-50： 商店空间与外部空间的高差本来并不是件好事，但通过这样的楼梯踏步设计，顾客能不想进来吗？

步行楼梯与自动扶梯和电梯相比，有它的优越性，结构可靠、维护费用小，造价经济。有的楼梯间平时作为商场通道，还可作为消防疏散之用。楼梯间的地面及踏步以耐磨、易清洁的材料为主，多用各种地砖和石材铺贴，水平步级的边缘镶嵌防滑条，楼梯栏杆的材料造型对楼梯的视觉效果有重要影响，因此是设计的重点。墙面处理根据情况可繁可简，但也限于平面的装饰，沿墙设置广告灯箱是装饰及宣传的最好办法之一。

图 3-50

第五节 顶棚

1. 设计要点

（1）总体布局应与平面相一致，密切配合平面设计的功能分区，充分发挥顶棚对空间的界定作用，合理划分出各个销售展区的空间层次和引导顾客流向。

（2）顶棚与地面不同的是它还有空间标高的可变性，应利用这一特性在合适的局部创造出各种富有造型变化的空间形式。

（3）顶棚总体布置要尽量简洁，色彩淡雅，局部可以富有变化。材质的选用也尽量在同层以一到两种为主，在统一中求变化。

（4）顶棚设计要考虑多专业配合（如空调、水、电、消防、背景音乐、弱电综合系统布线、放置设备）的需要。

（5）顶棚设计除考虑本身具有的材料属性、造型、色彩特性之外，与灯具的设计和布置以及艺术效果关系最为密切，两者应融合在一起统一考虑。

（6）大面积顶棚用材一定要用不可燃材料。如结构架一般采用轻钢龙骨，面材选用各类石膏板、铝塑板、水泥纤维板（俗称埃特板）、铝合金扣板、条板、格栅等。如因造型需要，局部选用木龙骨、夹板等可燃材料的，应按建筑防火规范采取相应的措施并控制使用数量。

2. 形式与特点

（1）平顶式顶棚。在空间的一部分或大部分没有高度的变化时经常采用这种形式，是大面积采用的顶棚形式。给人的感觉是统一、平淡，有利于灯具的组合及各种管线的架设。

（2）叠级天花。在空间的一部分或大部分有一到两个高度的变化，变化的边缘常采用阶梯式并且藏灯的处理方法。同平顶式顶棚相结合，不仅是商场，而且是各种建筑装饰所常用的最基本的形式。使用这种组合在商场进行空间大的区域分割最为有效。比如，在一个营业厅内区分中间与周边区域，区分营业区与走道等等。

（3）构架式顶棚。它的基本特点是全部或局部暴露建筑结构和各种设备管道，有三种基本做法：①将全部建筑结构暴露，涂上颜色（一般全黑色或全白色）；②装饰梁柱，将梁柱中间板结构暴露并涂色；③用格栅吊一定高度来装饰顶棚，格栅材料可大可小，格栅间距可密可疏，透过格栅（或网架）隐约可见上部梁板及各种管道。

（4）斜顶式顶棚。不论是建筑还是室内装饰，此类顶棚均是为了丰富空间而设计的。

图 3-51

66

（5）弧形天花。也是为了增加空间变化而设计的。

（6）各种下沉式、悬挂式复式顶棚。都是为了丰富空间层次，增加局部空间感染力而设计的。

3. 顶棚造型的运用

下面用一组图例来说明顶棚造型的运用。应该特别注意，在设计任何天花造型的时候，灯具灯光的搭配都是非常重要的，有时甚至是点睛之笔。

图 3-51：笔者为某大型超级市场做的面包点心区，是各种顶棚造型的具体运用。直线与弧线、白色与黑色、阶梯与灯槽，加上结构的暴露与隐蔽、细部线条的运用，在空间中既指示了明确的通道，又能悬挂展示灯具，装饰与实用并举。

图 3-52：笔者主持设计某商场的局部天花造型，整体大面积平吊顶，局部造型顶棚划分销售区域，运用色彩与不同的材料区分，简洁明了，富于变化。

图 3-52

在商场的顶棚设计中，大面积简洁的顶棚应与局部精彩而富有变化的顶棚造型相结合，既整齐雅致，又不单调枯燥；如果把顶棚每一分块都设计得充满造型、充满变化，则会出现主观设想处处精彩，而客观效果恰恰相反的情况。

因此，设计如何从统一中求变化，从变化中求统一是很值得认真研究的。

图 3-53、图 3-54：典型的将梁板结构甚至上部的设备管道全部暴露的顶棚形式，为了不使管道过于显眼，将天花全部涂黑或喷白漆，以灯光界定上部需要隐去的部分和下部重点采光的部分。

图 3-53

图 3-54

图 3-55：通透格栅形顶棚应用比较普遍，它们的材料以木材、钢材、铝合金为多，上部天花喷成黑色或白色。

图 3-56：这哪里是玩具店，简直是一个游乐场、动物园！这个高大的空间为我们提供了玩具店竟可以这样规划的思路，而为空间增色很大的是变化无穷的最新科技照明成果——由 LED 灯装饰的顶棚。

图 3-55

图 3-56

图 3-57：通道木质天花与壁面统一色彩，划出壁面的展示区域，形成块面对比，体现其品牌独有的大都会休闲风格。

图 3-58：白色的金属冲孔丝网波浪造型天花，清爽简单，融合照明、空调、吊挂展示等机能于一体。

图 3-59：大面积的白色天花中有局部圆形天花喷上黑漆，配以装饰灯光照射，富于变化，整体上形成黑白块面对比。

图 3-57

图 3-58

图 3-59

图 3-60：某服装店的顶棚，大面积顶棚以涂黑简单处理，局部
重点造型设计，突出重点展示区域。

图 3-61：中国广州天河城广场的天花造型，利用彩色灯带，点
状的照明灯，中间别致的造型设计，整体协调又极具活力。

图 3-62：奥地利尔斯堡商业街用彩色玻璃造型的复合天花。

图 3-60

图 3-61

图 3-62

第六节　地面

地面的设计要配合总的平面设计，划分出走道、各销售区域等主要空间及门厅、电梯厅、楼梯间、休息处等辅助空间。

销售区被各种柜架遮盖，因此，一般不设计复杂的图案。当然，有些销售区比较固定，柜架不挪来挪去，如某些专卖区或专卖店，可以配合商品的品种及品牌的宣传，设计一些图案。大面积的部分与走道只作分色处理或视材料的性质设计一些简单的色块或图案。

走道导引性的小图案，增加情趣与变化。走道拐角处、交叉处、走道与自动扶梯交界处，可以作分色处理或设计图案。不但美化空间，而且使这些位置有简单的功能而吸引人们的注意力。

门厅、过厅等过渡性空间，依照其注目程度也可以设计一些图案，有的重点门厅甚至要设计一些精美、细致的拼花图案来突出其位置。

地面一般提倡无高低差、无阻碍设计。若由于建筑的原因，或局部造型的需要，或陈列内容的需要，有高低差级别的，应在高低差之间用材料的种类、颜色区别；或设计不同图案，或作勾边处理，提醒人们注意，以防止被绊倒。

图 3-63

现代商场地面采用的材料常用的有大面积铺贴的磨光大理石、花岗石板、抛光地砖、耐磨亚光地砖等，这类材料耐磨、光泽度和易清洁性能都好，但要注意防止不要把水倒在上面，以防顾客不慎滑倒；也有采用地毯、木地板、水磨石等材料的。在国外商场也有大面积采用地毯的，这种材料吸声、吸尘、弹性好，行走时不易疲劳，但清理较麻烦且耐久性差一些。还有用橡胶板及地板专用胶板的，这两种材料均有较好的耐磨性与弹性，只是在国内应用还不多。

现在还有的大型商场在营业厅内基本不做地面的图案和通道的划分，以便于最大限度地灵活调整商品陈列区的需要。当然，商场的公共区域的地面图案可较为个性化。

商场的公众共享空间地面一般都设计得比较丰富和个性化，如图 3-63 为日本某大商场中庭地面图案。

图 3-64：台湾 101 大楼扶梯处的地面设计。

图 3-65：广州正佳广场内扶梯处的地面设计。

图 3-66：北京百盛百货中心精品区的地面大面积用横竖线条打

格处理，与天花的造型相呼应。

图 3-64

图 3-65

图 3-66

图 3-67：广州正佳广场各层通道的地面设计，黑白相间的线条，不同方向的组块，具有一种动向的节奏感。

图 3-68：运动专卖店区的入口地面，简洁的大面积地面上明显的跑道地面设计，引导人流，吸引顾客眼球，新颖又生动。

图 3-69：地面采用不同颜色的材质划分通道及销售区域，与天花造型相协调，又具有导向人流的作用。

图 3-67

图 3-68

图 3-69

图 3-70：地面色块与天花界定了休闲服销售区，色调和所销售服装搭配得非常和谐。

图 3-71、图 3-72：从笔者主持设计的太原梅园百盛商厦的两张平面布置图可以看到，图 3-71 是按照一般中高档典雅型商场的思路所做的地面设计，图 3-72 不划分营业厅销售区和道路，以连续、统一的图案设计地面，以便于将来灵活调整商品布置，同时将中庭及观光电梯厅周围以富有韵律感的曲线和色块进行大胆设计，与两边的营业厅的直线型图案进行对比。

图 3-70

图 3-71

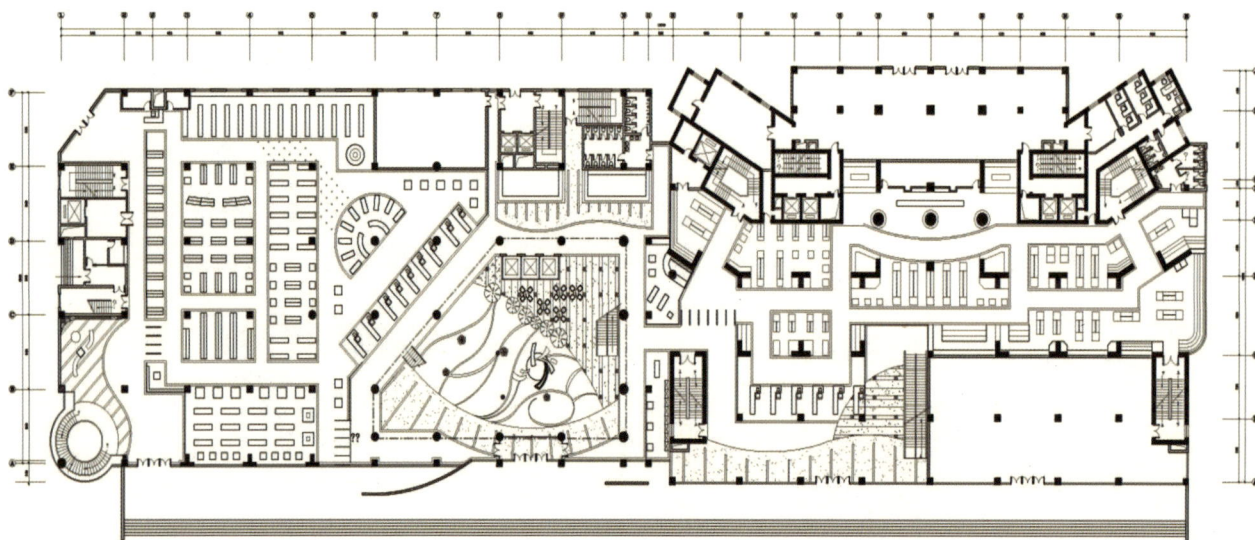

图 3-72

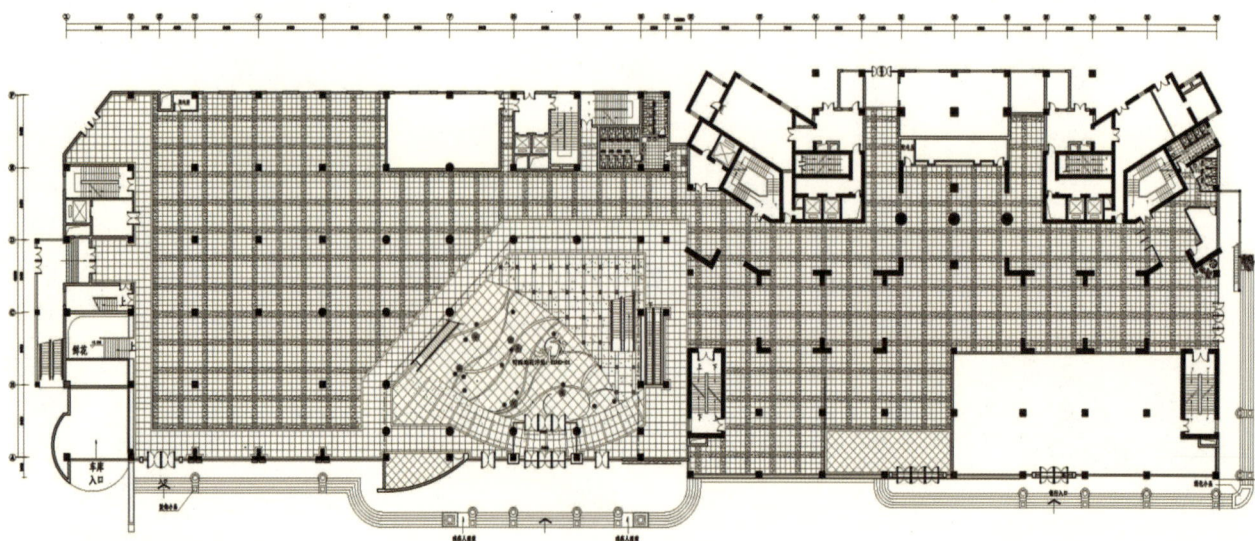

第七节　壁面

商场中壁面的功能有：①必要的分割功能；②商品的陈列功能；③商品的存放功能；④空间的美化功能。

与其他公共建筑不同，商场除了在门厅、电梯厅等处有相对较大的壁面外，在营业厅的壁面均被各销售区域瓜分一空，因此其壁面设计整体性不强，多从各销售区的装饰与功能考虑设计。

商场的壁面从结构的分析来看有两大类，一种是建筑物形成的各类墙壁，一种是为形成商品陈列单元对商场空间的再分割而形成的墙壁。后一种壁面常用在商场四周划分"U"形的销售单元，形成品牌销售区，这种区域比较受商家的欢迎。大面积壁面用在商场的中间部分时要慎重，尤其应避免用较高的壁面及柜架将空间划分成一个个互不通透的销售单元。因为综合商场的营业厅不像商业中心或商业街中的各个独立的专业商场。但在商场的适当位置，如四周或因建筑结构形成的某些死角位置，根据商品陈列的需要，可以用壁面将商品和品牌分类，形成半开放的销售区域。下面结合图例来加以说明。

图 3-73：从中可以看到壁面的综合运用。两个侧面的墙壁通过正叠挂（将同一款式、颜色而不同尺码的衣服前后叠挂）及侧面排挂（同时展示不同颜色、款式）作为商品的存储性陈列。正面及左右两块通过同样的方式来陈列，不过应该把重点商品放在正面，最中间的壁面显示了商品的品牌，并在壁面前面摆放两把造型简洁的椅子，起到进一步吸引顾客视线的作用。整个壁面用木材与不锈钢装饰，在白墙和灯光的衬托下主次分明。并与前面两个低尺度的展示台架一起，不但尽量多地展示和存放商品，而且使得整个品牌系列井然有序、美观大方。

图 3-73

图 3-74

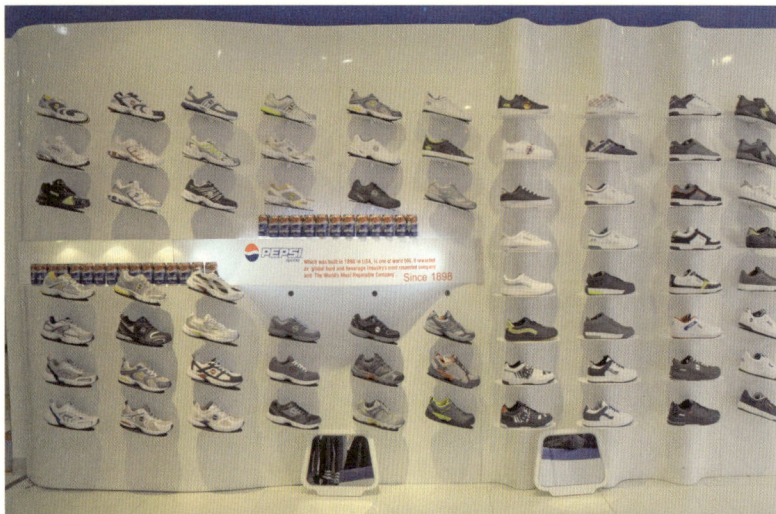

图 3-75

图 3-76

图 3-77

图 3-78

图 3-74：以格子形式的壁柜、五彩缤纷的颜色、巧妙的光源来展示红酒，整幅壁面是由一道亮丽的色彩构成画面，具有很好的视觉传达效果。

图 3-75：为百事可乐运动鞋专卖店的壁面装饰，纯色的展示壁面，波浪、流动造型的展板，赋予展品动感，时尚又灵动。

图 3-76：某女装店天花及壁柜从颜色及造型的搭配、对比来看，非常生动、明亮、开放。

图 3-77：壁面、天花和地面黑白配搭，简单的白色壁柜，黑白对比，配合局部明亮照明，以衬托出体制小、价值高的名贵展品，使展品得到充分的展示。

图 3-78：商店两边运用曲线的分层来隐藏壁面的结构柱，配以荧光灯的光带，好像音乐的音符，互相呼应，表现一种内敛而独特的审美感。

图 3-79：集存放及展示于一体的壁面，错落有致的重点展示，暖色的木质材料，让这个壁面更具活力。

图 3-79

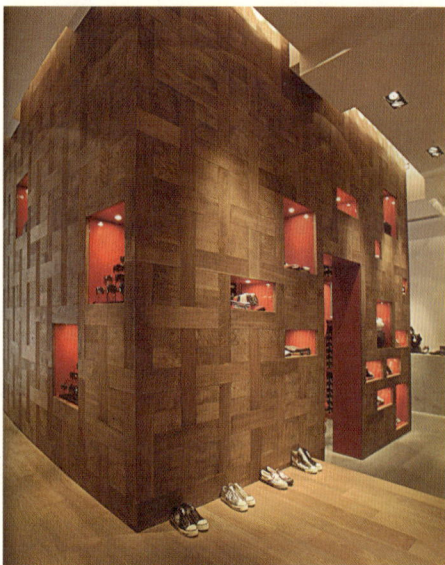

图 3-80

图 3-81

图 3-82

第八节　柱

柱面与天花面、墙面、地面相比，面积虽小，但由于其通常在营业厅中占据着中间的位置，成为视觉中心，因此也是设计的一个重点部位。对柱的功能有五种处理方式：①与陈列柜架相结合；②与广告、灯箱相结合；③纯粹的装饰；④只作简单的建筑处理，不多花笔墨去宣扬；⑤综合处理，尤其是前三种方式常放在一起综合考虑。至于在何种情况下运用哪种处理方式，主要视柱的具体位置而定。处于中庭周围的柱，多用装饰材料予以重点装饰可适当与广告灯箱相结合；处于营业销售区的柱，根据展出内容的需要与广告及展台相结合；处于边沿、次要部位的柱，或者柱本身的形式不好，其处理方式可以不加装饰，不引人注意，或采取装饰的手法让人感觉不到它的存在。

柱的外形是方形还是圆形，要根据建筑本身的情况和装饰的需要决定，没有什么规律可循。

柱的外形尺寸往往是设计师斤斤计较的对象，尤其是在有些大厦中，由于建筑承重的要求，柱的尺寸已经足够大，再在其上增加装饰材料层就会使其外形尺寸进一步扩大，因此，这类柱的颜色、造型等处理方法应使人感觉"瘦"一些。或由于与柜架的结合并不感觉到它的存在，而好像是在这里合理摆放的展柜展台。

凡适用于室内装饰的材料均可用于商场营业厅柱的装饰。现在运用最多的是各种装饰木材、防火胶板，造价较高的花岗石、大理石板，此外还有不锈钢、喷石漆、各种乳胶漆等。外墙塑铝板运用到室内也取得了不错的效果。具体用什么，设计师可根据自己的构思，从色彩、质感、造价、施工工期等多方面进行考虑。

图 3-80：是每一根柱为一组专卖区的例子。一般以柱为依托布置背柜，围绕柱和背柜布置低展柜，加上天花及地面的处理、灯光的衬托，在整个区域内形成摆放整齐的格局，这是闭架销售的典型做法（也称岛形设计）。

图 3-81：利用柱做场景装饰及摆放商品，充分展示商品。

图 3-82：利用柱做结构，设计了一个四面都能观赏的展示柜架。

图 3-83

图 3-84

图 3-87

图 3-85

图 3-86

图 3-83：为主要以广告装饰柱的例子。

图 3-84：柱身除了贴广告画之外，还可做商品展示窗。

图 3-85：柱的广告灯箱装饰与小品、展柜展台相结合，是商场装饰设计中最为实用的做法之一。

图 3-86：巴黎春天的化妆品柜，柜的装饰与广告、灯饰结合。

图 3-87：纯粹的装饰柱，作为商场内的一个亮点装饰。

图 3-88：在整个空间中，只有正中间一根柱较为突出，理所当然应将它作为装饰的重点。下部按照整个区域的商品特点布置了化妆品；中部采用不锈钢装饰，并将方柱包成圆形；上部的天花与地面形成呼应。整个处理突出了柱的中心感。

图 3-88

图 3-89：利用镜面装饰虚化柱身，又能令空间的景象富于变化。

对截面尺寸较大的柱的设计，应把握两点，一是使人感觉它要瘦一些，二是打破较大柱面的单调感。

图 3-90：利用店面标志灯箱和特色的天花造型，打破大柱面的单调感。

图 3-89

图 3-90

第九节　柜架等商品存放陈列设备

这是商场设计中设计量最大的一个专题，也是一个与基本功能关系最密切的专题，几乎所有的商品都是通过不同的展柜、展架、展台与消费者见面的。柜架的设计要点如下：

实用性。既然柜架是为摆放陈列商品所设的，当然应该符合商品陈列的尺度要求；另外还要与人体工学结合起来，便于观看，便于挑选，便于存取。

灵活性。在商场空间中便于灵活摆放，便于搬运布置，这是对那些活动柜架的基本要求之一。另外，还要使存放陈列商品灵活方便。现代众多的可供陈列结构搁板调节高度、距离的五金配件使柜架具备上述要求成为可能。有的柜架通过滑道的移动和五金配件的变化，可具有适应一定尺寸幅度内多种商品陈列的特性。此外，柜与柜之间，摆放的组合方式可以有多种选择，可单独放，也可组合放，可长，可方，可直，可弧。

美观性。在上述提及，可以把各种商品的陈列柜架设计成为数不多的满足基本功能的基本结构形式。在此基础上，还可以通过材料的不同组合、色彩的不同组合、造型法则的不同组合，设计和创造出千百种独特的柜架形式。

安全性。这里有两层含义，一是商品的安全。价值较为贵重的商品是否容易滑落、摔坏，柜架的结构是否能够承受较为大、重的商品。二是顾客的安全。如：柜架是不是有尖利的角，会不会碰伤顾客；柜架是否稳固，会不会砸伤顾客；玻璃搁板有没有经过处理，会不会划伤顾客，等等。

经济性。即便是计划多花一些钱，要求档次高一些的装饰工程，也应该注意经济的合理性，绝不能乱花钱。必须做好设计搭配，合理地使用材料，尽量少花钱、办好事。

1. 柜台

柜台是闭架销售的基本设备，作用在于展出商品及隔开顾客活动区域和工作人员销售区域。目前常见的柜台有三大类，下面分别予以介绍。

① 金银首饰品和手表销售柜台。其长度一般为1200mm～2000mm，高度为760mm～900mm，宜设计成为桌面高度，以便于顾客坐下来仔细挑选和观看。一般都是单层玻璃柜。为确保贵重物品的安全，许多都用了胶合玻璃，柜台内有照明灯光，且多用特别的点光源，增加商品的清晰度与高贵感。柜内放置托盘，便于销售人员拿取。正面一般设计得比较考究，

图 3-91

图 3-92

图 3-95

后面下部有小柜存放工作人员的小物品等。（图 3-91）

还有一些专卖人造首饰的柜架，由于商品的价值相对不那么昂贵，常常以开架的形式供消费者挑选。（图 3-92）

②化妆品销售柜台（图 3-93）。其长度一般为 1000mm ～ 2000mm，宽度为 500mm ～ 600mm，高度为 750mm ～ 900mm，一般设计成双层玻璃柜。正面设计也较为讲究，多用各色胶板按各品牌企业的策划色来装饰表面；同时搭配不锈钢、彩色不锈钢及名贵木胶合板，在灯光的配合下显得华贵、浪漫。同一化妆品销售区域内柜台的结构可大致相同。由于各品牌的装饰用色不同，组合在一起形成了丰富多彩的展示效果。

③其他小商品经营展示柜。基本结构尺寸与金银首饰手表柜、化妆品柜类似。采用单层还是双层玻璃搁板要视所经营商品的情况来确定。

其实，这些柜台基本结构大同小异。设计者要注意两个方面：一方面是销售人员使用是否方便。这要求设计者考虑全面，注意细节，比如五金配件柜台，在抽屉与门扇的结构设计方面就要多动脑筋。另一方面，柜台造型可以千变万化。在材料色彩的搭配、线条造型的选用，特别是注意柜内照明光和柜外装饰光的设计方面，只要有一项变动，效果就明显不同。

2. 低尺度开放陈列架（或中小商品陈列架）

当你走进一家装饰考究的商场，在惊叹商品丰富、设计精美的同时，是不是会想到那些造型新颖、担负商场中间大面积陈列任务的开放式陈列架，其实它也是由几种基本结构经过装饰变化而得来的。在商场中间部位的低尺度开放陈列架，一般高度不超过人的视线。

可以分为两大类：

①按基本结构设计的可变换位置、灵活摆放的柜架，这一类柜架占总数量的 70% ～ 80%。其中又可再分为陈列存放服装的柜架和陈列日常用品、中小家电产品通用的柜架两类。图 3-94 为摆放小摆设、小闹钟的开放架。

②根据商品的特性和区域装饰的需要而设计的形式独特的可移动的异形柜架。（图 3-95）

图 3-96 至图 3-99 为低尺度多款由基本结构变化而来的陈列架图例。

图 3-93

图 3-94

图 3-96

图 3-97

图 3-98

图 3-99

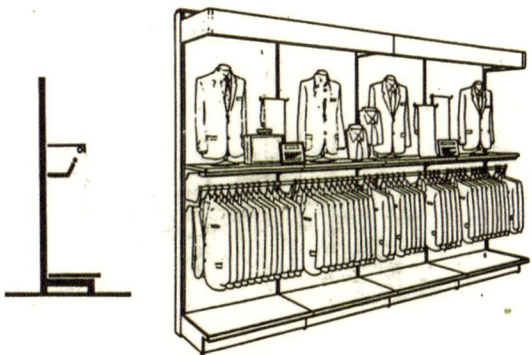

图 3-100

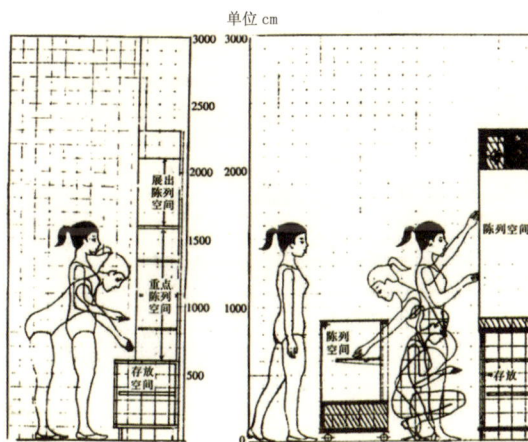

图 3-101　高尺寸陈列柜架的基本形式。

图 3-102

3. 高尺度陈列柜架

高尺度陈列柜架是指那些高度在人的视线以上的柜架。它也是商场营业厅的主要商品陈列设备。由于它的尺度相对较大，一般存放及陈列的量也大。它们常被用来装饰墙面和柱面，也被用来做成隔断来分割空间；可以设计成开放型的，也可以设计为那些需要封闭式销售组合（如金银首饰、手表、化妆品）的背柜。在结构的支撑方面，既可以依靠墙壁、柱子，也可以独立站立；在材料方面，以木材、钢材、铝材、玻璃为多，还有少数其他材料的（如塑料）。

常用高尺度陈列柜架的基本形式有以下几种：按位置分有靠墙摆放和靠柱摆放及作为隔断进行空间分割三种。按销货形式分又有开放式和闭架式两种。开放式销售可供顾客随意观看挑选，闭架式销售则往往前面有低尺度的柜台隔开服务人员和顾客（但如需用手摸则应向销售人员说明）。按照机动性又可分为固定式和可移动式两种。

高尺度陈列柜架如图 3-100 所示，下部是存放商品和杂物的区域。根据商品的特性，现在也有做成商品展台的，这一段大约是从地面算起至 60cm 高，60cm～150cm 高度为最佳陈列空间区域，手拿及近距离观看都方便；150cm～220cm 高度为一般陈列区域，这一区域手拿有所不便，但陈列效果在中远距离观看比较明显，这一区域要结合商品的特点进行考虑，以便于把这一空间的潜力更好地发挥出来；220cm 以上的高度一般都安放商品的广告灯箱，宣传商品品牌。各式灯箱设计也为商场增加了不少气氛。

图 3-101 是高尺度陈列柜架的基本形式，它基本上是可搬动的。以此为基础，现在的商品陈列柜架在装饰和功能两方面都有了许多创新。

由于展开的正面较大，所以高尺度陈列柜架不仅能较大量地陈列商品，而且对美化空间也具有较为重要的作用。另外，它还常常与灯箱广告相结合，起到宣传推广产品的作用。

现在高尺度陈列柜架的设计，早已突破传统的"柜"和"架"的形式，有的是两种兼有，有的与柱面、壁面的美化艺术相结合。另外最大的一个特点，就是利用各种光源对整个柜架进行烘托，对商品进行重点照明，由于"光"这一现代装饰手段的加入，使得柜架的形式千姿百态。

材料的多样化，使得柜架的造型和装饰手段也越来越多样化。钢材、不锈钢、铝材，各种五花八门的装饰木材、玻璃、胶板及它们之间的组合，便可创造出无数种柜架的形式，如图 3-102 至图 3-105 所示。

83

各种装饰五金件的运用，也使得许多在过去看来都不可能实现的形式和功能组合都得以成为现实。各种木门、金属门、玻璃门的五金零件，使得无论是高尺度陈列柜架，还是低尺度陈列柜架，适用于各种开门形式的设计都能实现；各种规格的滑道，使得柜架陈列搁板的距离灵活可调，也使得柜架陈列商品时的通用性大大加强，而各种金属风格与木质、金属质万用条板的运用，又使得在柜架任何位置都能悬挂商品。

色彩的运用，又是现代柜架设计的一大特色。结合商品的特点，有时可以浓一些，有时则应淡雅一点。但总的来说，色彩的运用要注意衬托商品，不要喧宾夺主。

4. 个性化艺术柜架

现代的商业销售展示手段趋于多样化，展示设备已经不能用各种柜架的概念完全概括。在多种商品展示中，尤其是服装的销售展示中，出现各种造型变化丰富、材料各异的个性化艺术"柜架"，在以下举例说明：

图 3-106：eifini 女装精品店内立面、地面、天花设计非常简单，一览无余。但蜿蜒盘旋与室内的紫色荧光灯衣架引导人们的视线，人们的视线会随着线条的高低回环注意到不同的商品。设计满足功能，设计创造艺术化的视觉效果。

图 3-107：用不锈钢管做的吊架，在弧形背景的衬托下显得典雅、高档。

图 3-107

图 3-103

图 3-105

图 3-104

图 3-106

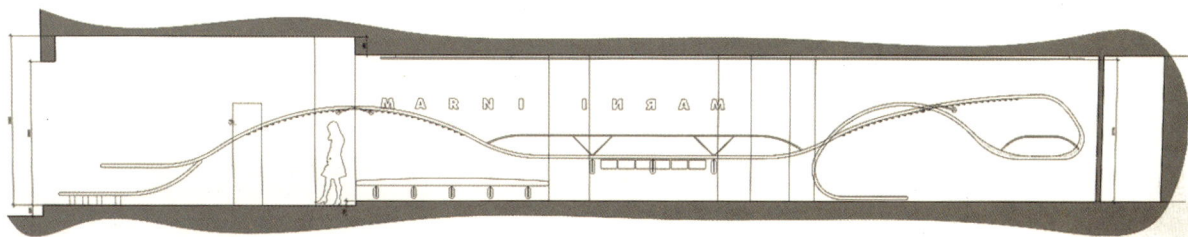

图 3-109

图 3-108

图 3-108：为意大利某时装店的个性展示架，商店的格局狭长，但通过别致的挂衣架设计，取得了尽可能开放、动感的效果。图 3-109 为商店立剖图。

图 3-110：某品牌服装的挂衣架，简单的不锈钢材料，艺术化的方框造型组合，配以壁面特色的墙纸，整个壁面有灵动的展示效果。

图 3-111：与休息座相结合的特色展台上放着一个标志鲜明的商品，加上背景玻璃上的标志，专卖店的特征非常明显。

图 3-112：为钟表展示柜，由天花吊挂的倒置展柜，造型简洁，材料虚实对比，重点突出商品展示。

图 3-111

图 3-110

图 3-112

第十节 大中型商品展示台

图 3-113

这是商场、商店中的另一大类陈列展销设备。它有以下特点：①商品摆放的开放性。②以展示具有一定尺度规模的商品为主。如电视机、组合音响、冰箱冰柜、洗衣机、消毒碗柜，以及其他一些中型尺度的家用电器产品等。③展示方法和设计形式具有独特性和多样性。在销售中小型商品或服装产品时，为了对某些重点商品进行展示，往往设计了比较醒目的展台。某些最新的产品，也可用设计造型独特的展台展示出来，重点吸引顾客的目光。④商品摆放和组合方式的灵活性。

展台在长宽两个方向的尺寸，可根据商品陈列的需要，作较大的变化。有的如普通桌面；有的则很大，达到十几平方米；有的长达十几米。但它们有一个共同的特点，就是便于顾客挑选、观看。其高度尺寸一般离地面 0.15m ～ 1m，这是因为展台和商品的高度相加要基本落在人的水平视线附近最佳角度区域的缘故。

图 3-114

展台可以是单层的，也可以是多层、呈台阶状分布的，根据需要可以加装饰灯带。一般为暗灯槽，通过天花造型及灯具进行造型呼应，并结合局部照明来强调重点与烘托气氛。

展台的结构材料、装饰材料和其他柜架基本相同。造型手段和表面装饰则多种多样，展台的色彩一般较为淡雅，尤其是大型展台。还有许多展台用商品的生产企业在 CI 策划中对本企业固定宣传用色进行表面装饰，以便于宣传品牌和促进销售，这一点在各家用电器销售展区应用最为普遍。

图 3-113：洗衣机展台高度只有 150mm，采用可灵活拼接的方式，供商场日后变换摆放形式。

图 3-114：徐福记糖果销售展台，利用展品的特征堆放，利用天花的品牌标志灯箱来划分展区。

图 3-115：某皮具店靠墙壁流动感的阶梯展台，流动感很强，又能充分展示商品。

图 3-116：某商店内床上用品的场景展示台。

图 3-116

图 3-115

86

第十一节　商业广告、标志牌

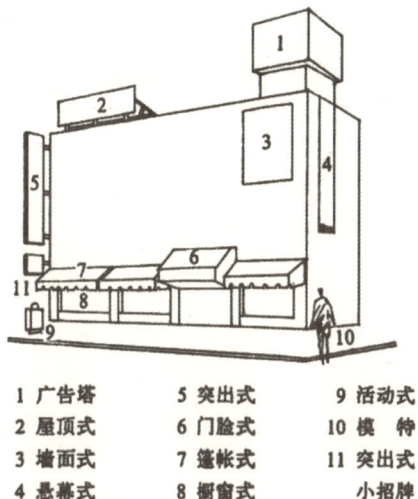

1 广告塔	5 突出式	9 活动式
2 屋顶式	6 门脸式	10 模　特
3 墙面式	7 篷帐式	11 突出式
4 悬幕式	8 橱窗式	小招牌

Ⅰ　广告设置形式

图 3-117

广告、标志牌是宣传商业企业必不可少的手段。甚至有些种类的商品销售，完全借助于广告的宣传作用。那种"酒好不怕巷子深"的商品销售理念只是特定历史环境对商品质量与信誉的赞许，完全不适合当今的商业发展和竞争。商业环境广告，标志有室内与室外，宣传企业与宣传商品，长期宣传与短期促销等不同的功能，其特点就是通过广告的特定表现形式与符号形象传递商品质量、特征、商业企业总体形象、销售服务方式等商业信息以招徕顾客；而广告的表现手段有文件、图形、影音图像、色彩、材料和各种不同的造型；良好的广告应有良好的视觉范围和视觉效果，与室内或室外环境很好地融合。

下面再结合图片资料对商业购物环境的室内外广告进行说明：

图 3-117：外立面广告设置分类的示意图，商场室外广告的设置位置与不同的视觉范围特点。如图 3-118 所示，一般情况是上述类

图 3-119

图 3-118

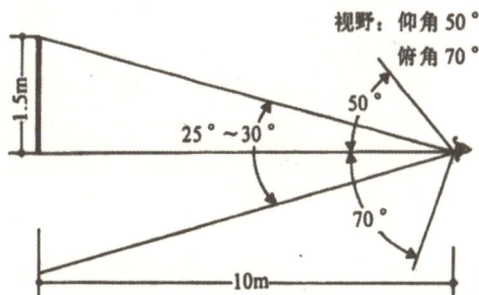

注：为有良好的辨认率，当视距为10m时，应将广告控制2.5m大小，偏心率在15°以内。

广告位置	视　距	文字高度
一层部分(≤4m)	≤20m	≤8cm
二层以上(4m～10m)	≤50m	≈10cm
顶层以上	≤500m	≈20cm

② 广告位置与文字大小

型广告在外立面的是设置中运用其中的几种。

图 3-119：武汉崇光商场在两条街道交叉口的入口外立面的广告设置，有塔式、屋顶式、墙面灯箱式、入口飘篷上的和门楣上的，还有是挂式的。相对而言，算是品种比较齐全的例子。

图 3-120 至图 3-123 为日本某商场外立面的全貌和局部，以及入口走廊和扶梯下的广告设置情况。

商场内的广告灯箱，是宣传商品、宣传企业必不可少的内容之一。它对活跃空间气氛、装饰美化空间，有着重要的作用，它的设计与应用，应该融入各个柜架、壁面、橱窗，与整个环境融为一体。在广告灯箱设计制作中应注意以下几点：

（1）功能性与实用性。设置的主要目的是为了最大限度地宣传企业和商品，醒目、简练、实用是最基本的要求，还要注意使结构便于维修和方便替换灯具。

（2）美观性。这是整个空间对广告灯箱的基本要求。有时广告灯箱的设计在某一空间里起着点题和画龙点睛的作用，所以应特别注意广告灯箱与整个空间的协调性。这个协调性包括色彩、造型、安放位置、材料选用等各个方面，做到醒目而不刺眼、美观而不造作，如图 3-124。

（3）安全性。广告灯箱的电路设计要规范，要有散热透气孔，悬挂安放的位置不碰头、不碍事。

商场内的各种飘旗有两大类：①商品的宣传用语。属于 POP 广告性质（销售点现场广告）。②商场本身的宣传用语、促销口号等。设计一般都比较醒目，色彩鲜艳，对活跃空间气氛起着重要作用。

各种指示牌按用途分为三类：

（1）商品分布指示牌。标明各层经营商品，如图 3-127 至图 3-129。

（2）空间位置指示牌。还有的大小型商场会有简明指示牌标明所处的位置，如图 3-129、图 3-130。

（3）安全指示牌和疏散指示牌。对顾客有危险的位置标有醒目指示，如配电箱、扶梯的三角位，为了防止顾客伸头观看被夹，也

图 3-121

图 3-122

图 3-120

图 3-123

图 3-124

有指示牌。通道指示牌告诉顾客行走路线和发生火警时的退离路线。

图 3-124：在主墙面上设置品牌标志，十分简洁、醒目。

图 3-125：门面上的品牌标志灯箱与室内照明、装饰的灯箱融为一体，十分醒目、简练，兼具功能性和实用性。

随着国际间交流的日益扩大，国际间通用的指示标志在我国的各种公共场合被普遍运用，而且已逐渐被我国民众认同和接受。其特点就是通过简明的视觉图案将诸如厕所、电话、休息处、升降机、餐厅、疏散通道等方面的公众设施的内容和位置向不同国度、不同语言的人们做标志，一目了然，非常明确。因此我们的各级商场也逐步采用这种统一标志。

图 3-125

图 3-126："彪马"专卖店利用品牌标志及其色彩，在设计中融入到各个柜架、壁面、橱窗，与整个店面环境融为一体。

图 3-127：北京新东安市场首层中庭旁边人流交叉处设置的各层商品大型指示牌及其平面示意图。

图 3-128：北京新东安市场各层在显眼位置设有各层商业设置的简明内容指示牌。

图 3-129：国外某商场另一种形式的空间位置指示牌，标明各层的经营内容及品牌店位置。

图 3-130：某商场的指示牌，简单示意所在位置，及各层经营板块、安全通道、人群疏散通道等。

图 3-128

图 3-126

图 3-129

图 3-127

图 3-130

图 3-131：北京新东方商业街的空间位置指示牌。

图 3-132：广州正佳广场各层挂于天花上的指示牌。

图 3-133：靠近扶梯的栏杆扶手上的指示牌，标明本层的经营内容或品牌店。

图 3-134：步行楼梯口处标志及广告灯箱，既可标明餐厅及品牌店的位置，又有宣传作用。

图 3-132

图 3-134

91

图 3-133

思考题：

1. 大型综合商场或商业中心与小型商场或专卖店在外立面设计方面有什么不同？

2. 门厅有哪些功能？它的设计应有什么作用？

3. 大型商场中庭有什么作用？

4. 自动扶梯、升降梯及步行楼梯在商场中的主要作用？

5. 归纳与调研顶棚的常用材料以及光源特点。

6. 关注你所在的城市商场地面的用料及最新装饰趋势。

设计练习：

1. 以草图形式设计 5 种不同商品柱与框架相结合的模式，注意材料的运用。

2. 设计两款个性化的吊挂架。

3. 设计或临摹 1 至 2 款小型服装专卖店的店面或开放式展示橱窗。

第四章 销售区特色设计

XIAO SHOU QU TE SE SHE JI

商场销售区域的设计，是商品特点和品牌特色的直接反映。品牌的定位或高雅、或传统、或时尚都会通过销售区域的设计得到体现，实际上也是设计师在应用艺术设计体现业主及商品的经营宗旨。

而艺术设计的手段无外乎造型、色彩、材质和光线四大要素的运用。下面结合销售区域的特色艺术设计这个主题从四大手段的具体运用方面来举例说明，为了便于说明和叙述，将色彩与光的规划放在一起（实际上这几个元素密切的互动关系构成了丰富多彩的空间，是不能明确分开的）。

第一节　色彩与光的规划

在色彩、造型、材质和光线四大室内设计元素中，吸引人们注意力最快的是色彩和光线的组合，尤其是具有热烈、夸张、高度饱和的较大面积的色彩和具有较强对比关系的色彩设计。

商业空间设计其色彩关系往往比居住空间、办公空间更加大胆、鲜艳，对比更加强烈，也就是为了一个显著的目的，吸引人们的注意力，取得较好的经济效益。

关于色彩，下面结合商业购物空间销售区域设计实例做一个简单介绍。

图 4-1：步行楼梯大胆的色彩规划和精心设计，与收银服务台组合在一起，焕发出令人叫绝的视觉冲击力，所以，商店内有些过渡性的服务空间也能成为吸引顾客的亮点。

图 4-1

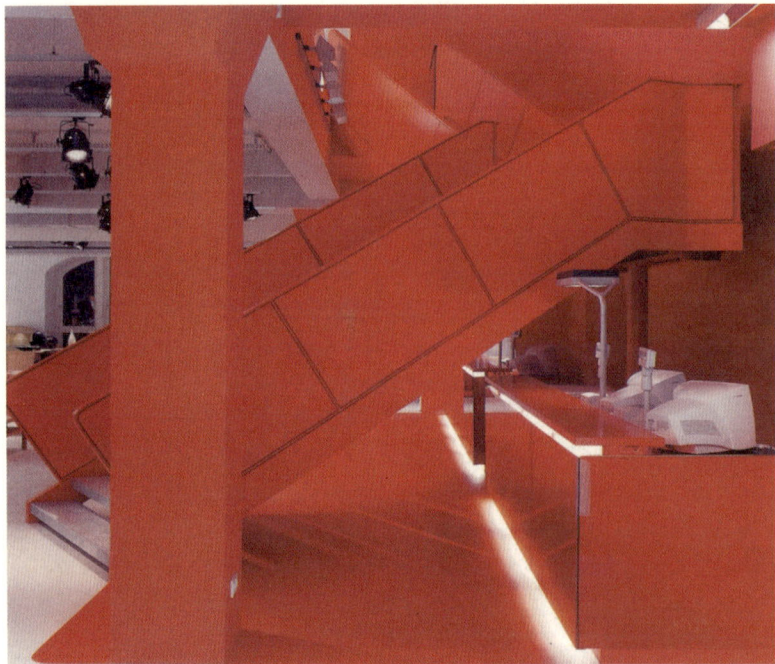

图 4-2

图 4-2：迪拜购物中心中的这间糖果店色彩绚丽，空间设计构思丰富而浪漫、新颖，引得游客纷纷驻足。其左侧墙面用特制透明容器装满糖果，利用其丰富饱满的色彩进行装饰，手法令人叫绝。

图 4-3

图 4-3：女装店背景墙面利用光与色组合装饰，对前方的服装模特是很好的衬托。

图 4-4

图 4-4：这个商店不仅顶棚的造型很漂亮，更突出的是店内绿色的应用，与淡黄色的光源装饰相配合，使得店面更加独特。

图 4-5

图 4-5：设计极具现代简约风格，但细看会发现室内每个块面都做了精心的安排，它们的材质、色彩以及表面的肌理效果或互相呼应，或互成对比，深色模特在浅色背景与柔和、温馨的光线衬托下，十分和谐、大方。

图 4-6

图 4-6：柔和而专业的光
线使浴室用品商店非常简约、
明快。

图 4-7：淡蓝色的整体墙
面开了一竖一横两个口，用灯
光辅助，模特头像成为艺术品
点缀空间。

图 4-7

图 4-8

图 4-8：色彩在空间中起了很好的装饰和点缀作用。

图 4-9

图 4-9：黄色也是极具张力的颜色，黄色的门造型为相对平淡的空间增加了亮点。

97

　　室内环境整体比较淡雅，但往往在色彩上夸张地突出下列元素：

　　①商品。

　　②某一面墙（通常为标志墙）。

　　③家具与陈设。

　　这样都能取得醒目的效果。如图 4-10 手法的运用。

图 4-10

图 4-11：划分销售区单元的隔板被涂成大红色，与周围环境的浅淡色彩形成强烈对比，使这一区域非常醒目。

图 4-12

图 4-11

图 4-13

图 4-12：彪马（PUMA）是一个经营运动、休闲服饰及器材的国际知名品牌，图所示的经营店以品牌的色彩与标志做装饰元素，空间和色彩的穿插关系极时尚、新颖，有很强的视觉冲击力。

图 4-13：白色的鞋展台在红色墙壁的衬托下非常醒目，展台的高度也便于顾客挑选。

第二节 造型与材质的规划

造型对室内设计风格有着直接的影响，西式的典雅，中式的庄重，或风趣、怪诞的各种情感、文化与气氛的表达，都离不开特定的或者是独特的造型设计。而造型的材质则对空间或豪华、或质朴、或古典、或现代等各种气氛与感受有直接的影响。

图 4-14：这是一个在造型、色彩、材料、灯光设计上都具有感染力的设计，尤其是贯穿室内外界面的雕塑最具新意和引人注目。

图 4-14

图 4-15：顶棚的造型与地面的色块一繁一简，相得益彰，在大空间中围合出了这个独具特色的销售区，区域中心旁的模特展台造型优美，形成视觉中心。

图 4-15

图 4-16

图 4-16：墙面的柜架造型是这个店面设计的一大特点，白色层架的造型赋予音乐的节奏变化，而且非常适合放置皮鞋、手袋这些商品。

图 4-17

图 4-17：夸张而有序的造型架划分了货架，又使商店特点突出。

图 4-18：在这里模特儿是空间的造型主体，其姿态和摆放的形式在灯光的照耀下具有一种话剧的场景效果。空间的材质运用只有两种，白色的涂料与浅黄色的地板，一切都围绕着主题模特儿而展开。

图 4-18

第三节　综合设计案例

图 4-19

图 4-20

下面将国内外一些商店的优秀设计举例及进行简要分析。

1. 法国巴黎一家大中型运动休闲用品商店

地点：巴黎春天百货商场附近。场地情况：位于老商业街区内，总高 5 层，每层面积 800 ㎡ ～ 1000 ㎡。这是一家休闲、运动用品商店。店内经营运动休闲服饰，健身、体育运动器械，滑雪、滑冰用具等。

商店在装饰上最突出的特色是顶棚，其带状造型给顾客以广泛的想象空间：似山间的小河在蜿蜒向前流淌，一会儿急，一会儿和缓，一会儿分叉，一会儿汇合在一起，宽时如大河奔腾，窄时似小溪跳跃；商品的分布就随着河流的宽和窄做有机的布置，非常和谐又具想象力。你还可以把顶棚的分布比作高山滑雪的赛道，在深山峡谷中穿行……总之，这个顶棚设计体现了法国人的浪漫，又显得和谐、流畅。

既配合顶棚形状，又根据商品陈列设计进行的灯具布置，给人的总体印象是平均照度不高，但商品、标牌、广告、重点装饰、重点陈列区域的照度非常醒目和恰当。全部照明以高效率的点光源直射为主，加少量的间接采光，商场内总体光亮较为低调，但商品上的光亮及显色性相当好。

商店形象设计还有一个特点是细部处理得体，周到而富有新意，简单大方。下面结合图片做介绍。

图 4-19：商场入口处外观，与巴黎其他老街区一样，均为西方传统建筑形式，可以看到外立面明显进行了与原有建筑形式协调，又具有现代企业品牌与标志的设计处理。入口上部三层高的弧形玻璃后面，以不同的底色划分了层高的不同，以字体广告作为装饰，简明扼要。

图 4-20：从这幅图片看出顶棚的蜿蜒弯曲和变化既流畅又灵活，不仅有很好的导向作用，而且将通道和销售区分开，非常别致、美丽。

图 4-21

图 4-21、图 4-22：为与顶棚相融合，柱子、栏杆、展台及货架等元素都进行了精心的设计，所有的柱子为彩色玻璃，图 4-22 中鲜红色的广告装裱在柱的表面。

图 4-23：顶棚之象征的"河流"回旋到这里有了一个宽阔的"港湾"，正好在这里摆放运动器械，销售区域安排之巧妙、流畅使人叹为观止。

图 4-22

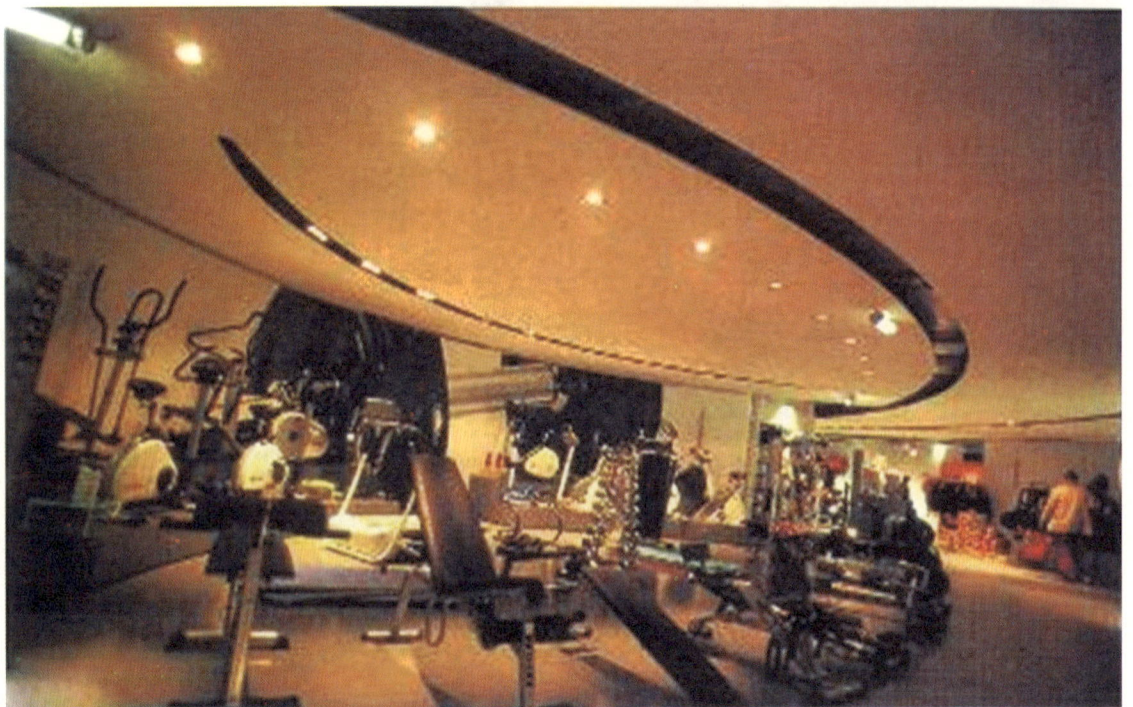

图 4-23

图 4-24

图 4-24：围绕自动扶梯圆形大厅的展厅一部分，靠通道一侧留出一片白墙，靠墙摆放的五颜六色的滑雪板成了这片墙最佳的装饰，近景为造型醒目的商品陈列台。

图 4-25

图 4-25：同样是围绕自动扶梯圆形大厅的部分，这张图片把镜头偏向了里侧，向扶梯方向看，展台的造型与顶棚的形式相映成趣，采光和照明营造的气氛非常独特、和谐。

103

图 4-26

图 4-26：圆形大厅部分的扶梯墙面设计，正对扶梯口的磨砂玻璃上的大字"2"则告诉你这是第二层，小字则写明了本层的销售内容等商品介绍，墙面简约、实用、大方。还有一个细部就是第二层与第三层之间的侧面梁表面以字体作装饰，广告和装饰效果俱佳。

图 4-27

图 4-27：收银台、服务台设计简约、大方，背景墙面的设计切合运动主题，非常简单、有趣。整个区域的光线营造了一种亲切、和谐的气氛。

2. Cartier 卡地亚

卡地亚是创建于1847年的一家经营珠宝、首饰、腕表、香水、女士手袋等的奢华品牌。该品牌在1904年首获英国王室的珠宝供应商资格，随后多次获英女王青睐，由此逐步奠定了在世界奢华品牌的顶级地位。

卡地亚品牌从迪拜购物中心的最主要立面的广告和外墙装饰设计，到最主要入口外侧的墙面广告装饰，一直延续到入口内侧广场的入口橱窗，在迪拜购物中心中尚未发现其他品牌占有如此之多的广告与装饰数量和面积。可以说，卡地亚在迪拜购物中心这个世界著名的商业购物中心占有很重要的地位。

其室内空间设计与装饰延续了卡地亚品牌的辉煌、优雅、浪漫、时尚的特色。

图 4-28：外立面广告与商场主立面设计相结合。

图 4-29：外立面广告与商场主入口处墙面的结合。

图 4-30：在商场主入口之一的广场内侧的门面设计。

图 4-32：橱窗中陈列的最新款女装手袋。

图 4-34：在室内商业街中的橱窗。

图 4-31、图 4-33、图 4-35 至图 4-37：优雅、浪漫、时尚的室内商品陈列与装饰。

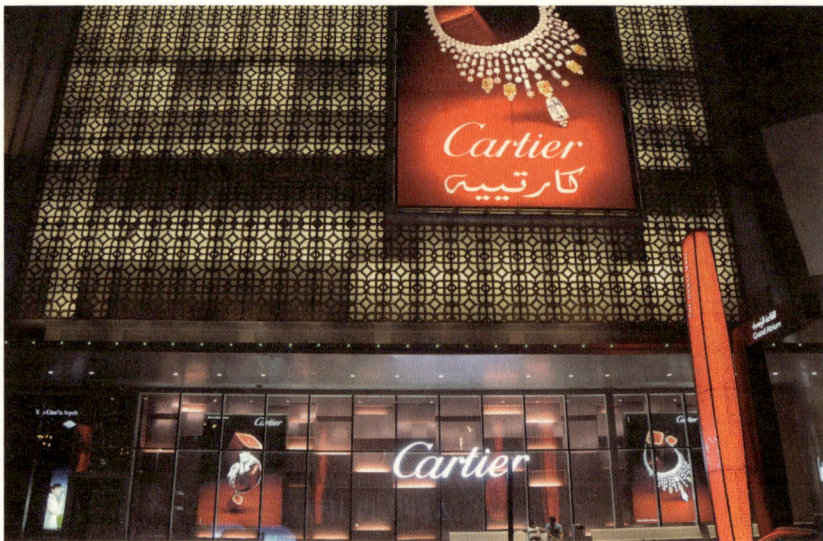

图 4-28

图 4-29

图 4-30

图 4-31

图 4-32

图 4-33

图 4-34

图 4-35

图 4-36

图 4-37

3.Endless Spirits

能将一间面积不大，平面形状简单的女装店设计得如此简洁、优雅、大方而不失时尚的确不易。本案天花和地面的处理都极为简约大方。尤其是墙壁的处理令人叫绝，周围拉上布帘，把一系列不相干的部分统一了起来，而且布帘的柔软、下垂感区别于其他服装店不同的思路，衬托了女装的柔美，显示了服装的性格。

图4-38：外立面极为简洁，一眼就能看出店内的全貌。

图4-39：站在门口向里看，女装店的简洁、优雅一目了然，诠释小型服装店最为基本的设计原理。

图4-40：店内框架设计非常简单，面料的选择很优雅，后方的更衣间用布帘环形围绕。

图4-41：靠墙的衣架用不锈钢管设计，形状简单、实用。

图4-38

图4-40

图4-39

图4-41

4. CADIDL 旗舰店

CADIDL 旗舰店位于深圳中信广场，设计师改变原有店铺入口格局，地面用石材拼驳品牌花瓣图案。入口左面立柱整合入立面整体造型当中，形成完整导入空间。立面使用光滑与粗糙相间的肌理涂料塑造具有流动感的线状造型。

主背景品牌花瓣图案用金属造型由墙面延伸入天花，使得空间纯净中演绎精致。米黄色石材地面，量身定做的"玫瑰金"金属衣饰吊架，富有层次的灯光照明，所有的一切，都是为了彰显 CADIDL 服装——这个空间主角的价值感。见图 4-42～图 4-47。

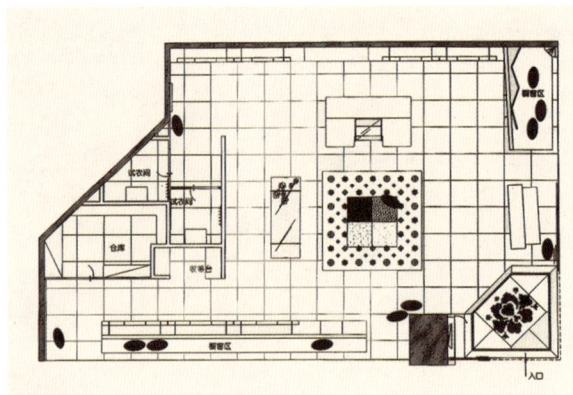

图 4-42

图 4-43

图 4-44

图 4-45

图 4-46

图 4-47

5. STEPHANE DOU

图片来源：2008 年中国室内设计年鉴。

这是一个坐落在台北市的女装店。本案例平面简单，面积不大，但全白色的墙面配以白色基调的磨石子地面，白色的金属冲孔丝网波浪造型天花，全白色基调彰显时尚、现代、简约的强烈视觉形象，也给商品展示做了背景衬托。空间中活动式轨道灯引领参观视线，在全开放式空间中感受流线与几何体的变化，流畅的线条，贴有镜面的柱子，使得空间富有趣味，现代材料经过精密设计展示高品质的商业空间。见图4-48～图4-53。

图 4-48

图 4-49

图 4-50

图 4-51

111

图 4-52

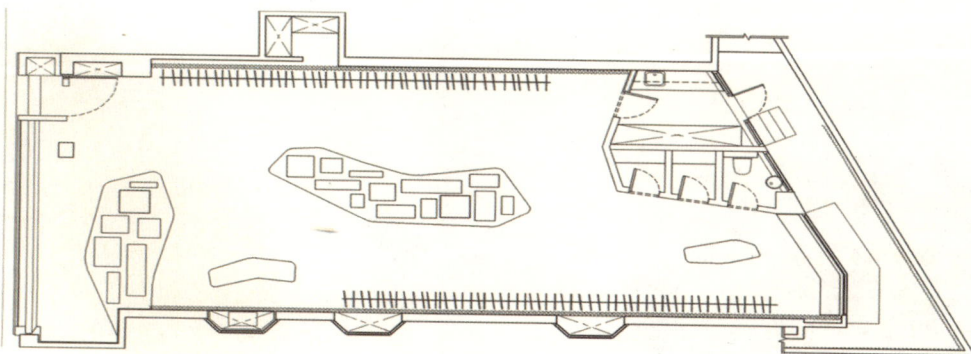

图 4-53

6. 特色服装店

这是迪拜购物中心中一间经营男女休闲服装的商店，占用三个建筑自然开间，在外立面的设计中，三个开间的门面的色彩相同及材料重复，比之其他商店门面形成多重重复的"集团"优势。在室内空间处理方面，三个相对独立的开间可以分门别类陈列男女服装。而它们之间又相互有室内横向贯通的通道，空间处理和装饰独特而简约。见图4-54～图4-57。

图 4-54

图 4-55

图 4-56

112

图 4-57

图 4-58

图 4-59

7. a02 服装店

　　a02 是经营风格多样的服装品牌时尚商店，但是这种经营模式与商店本身固有的特征不相符，设计师在这种错综复杂的情况下产生一个想法，即把商店布置成一个奇异的空间，就像戏剧的舞台。其中，空间就是故事的框架，而服饰就是故事里面的角色。商店采用五彩的颜色、几何形状的内部布局以及绚丽的图片，营造一种充满寓意的氛围，为顾客提供浪漫的购物环境。

　　将整体环境的背景照度压得很低，将商品、货柜、重点展台的照度提得很高，重点非常突出，这种照明方式是这家服装店的鲜明特点。见图 4-58～图 4-61。

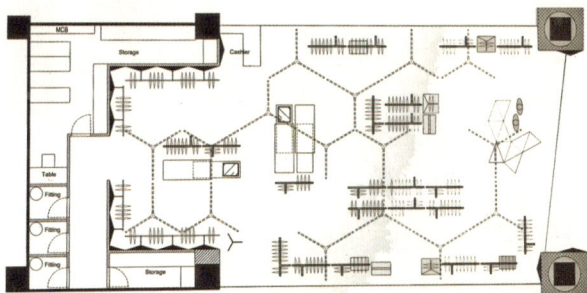

图 4-60

图 4-61

8. 特色眼镜店

资料来源：作者自拍。

地点：迪拜购物中心。

这个眼镜店的平面布局是世界各大商场，甚至国内许许多多的商店空间最为常见的长方形，店内情况一目了然，但其整体布局与色彩规划精彩绝伦，令人怦然心动，让你不由得停住脚步，进入参观，这就是设计的力量。见图 4-62、图 4-63。

图 4-62

图 4-63

图 4-64

图 4-65

9. 李宁品牌店

李宁运动品牌商店的设计理念是活力和运动，同时追求一种时尚感。在商店的正面，在整洁明亮的玻璃后面布置一组巨大的白色钢筋结构，特别引人注目，有力地强化了品牌特征。在商店内部，全部采用橡胶铺成一条条不规则的灰色通道，以供购物者任意徜徉。见图 4-64 ～图 4-68。

图 4-66

115

图 4-67

图 4-68

10. FORNARINA 旗舰店

为了使 FORNARINA 女士时尚商店形象突出,在商店入口区域采用马赛克装饰天花和立柱。整个鞋区采用女性化的粉红颜色,而且布置了三个可旋转的展示鞋架,在所有的镜面墙上都张贴了模特海报。为了强化这种形象,商店里的展台、收银台和试衣间里的领带都采用了这种螺旋形的形状。见图4-69～图4-73。

图 4-69

图 4-70

图 4-71

图 4-72

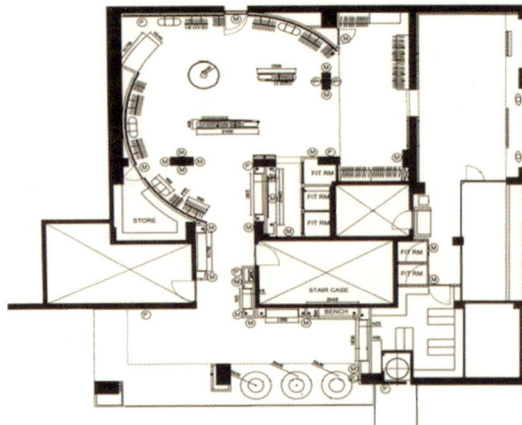

图 4-73

图 4-74

图 4-75

11. TARDINI STORE 手袋店（美国纽约）
图片来源：*NEW SHOPS 7*。

图 4-74：是在二楼楼梯口所拍的图片，墙面、天花、地面极富想像力的造型、材料纹理向顾客展示了独特的设计效果，足以吸引消费者的眼球。

图 4-75：是从立面的楼梯口拍摄的，可以看到从天花到地面的一个总体横向的"U"形，地面拱起的"梁"造型与有机玻璃的陈列架对商品的衬托作用突出。

图 4-76、图 4-77：马赛克的纹理图案与手袋的蛇皮材料图案相似，设计师是否在这里得到灵感只有你自己去猜想了。

图 4-76

图 4-77

12. 上海滩女装精品店

"上海滩"是进入迪拜购物中心为数不多的中国品牌之一，其商品设计在保持中国文化传统的同时也向国际潮流靠拢。

图4-78：在商场内的正面陈列。

图4-79：商场外色彩艳丽的商品陈列柜。

图4-80：店面内陈列。

图4-81：店面内陈列。

图4-82：店面内陈列。

图 4-78

118

图 4-80

图 4-81

图 4-82

图 4-79

图 4-83

13. 法国鳄鱼时装店

法国鳄鱼时装品牌也是深受中国广大消费者所喜爱的品牌，其在迪拜购物中心内的店面装饰设计与其服装设计同样色彩艳丽、明快，空间优美、亮丽，体现法国人的浪漫。

图 4-83：商场走廊上的橱窗。

图 4-84：室内商品陈列及装饰。

图 4-85：店面入口外面。

图 4-86：室内商品陈列及装饰。

图 4-84

图 4-85

图 4-86

14. PAULE KA 女装店

"PAULE KA"是一家专卖女性衣服的时装商店的名字。为了突出商店的商品——衣服，视觉上忽略其他元素，设计师将地板、墙面和天花涂成了白色。另外，设计中又添加了绿色，在整个空间营造一种轻松的气氛，在灯光的照射下，渐变的颜色又为整个环境带来活力。

本店面积不大，但入口处的彩色玻璃和灯饰非常吸引眼球，店内的布置色彩明快、简约、时尚、优美、大方。见图4-87～图4-90。

图 4-87

图 4-88

图 4-89

图 4-90

120

图 4-91

图 4-92

15. KISS SIXTY 时装店（美国）

不但以饱满的色彩运用取胜，而且以造型的奇特、材料和采光的新颖取胜，空间设计的几大元素在这里都得到得体、融洽的运用。见图 4-91～图 4-97。

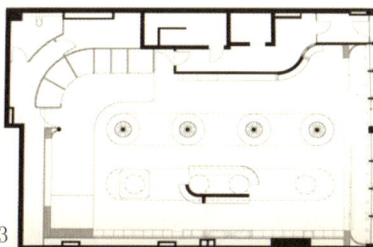

图 4-93

图 4-94

图 4-95

图 4-96

图 4-97

16. 卡帕天津步行街旗舰店

设计秉承 Kappa 品牌独有的大都会休闲风格，通过将刚与柔、运动与时尚、流行与经典矛盾而完美地统一，处处体现出运动的魅力所在。不论是入口地面天然木色通道、旋转的盘梯，还是独特的意大利 Kappa 形象墙，无不贯穿着"C"运动的主旋律，使动线鲜明有序，形与意互动，唤起消费欲望。见图4-98～图4-102。

图 4-98

图 4-100

图 4-101

图 4-102

图 4-99

设计练习：

1. 综合百货商场的商品中各类服装为比例最大的商品销售区域而沿边墙设置的"U"形专卖区域业内人称为"壁柜"区。根据商场建筑柱网的布置而不同。一般为 60 ㎡～ 80 ㎡。请观摩你所在的城市的商场男装品牌专卖区。完整设计一个品牌专卖店。

2. 设计一个沿街道 100 ㎡～ 200 ㎡的个性化的女装专卖店，平面图自行拟定。

3. 设计一个小型社区便利店，要求注意品牌形象，面积 100 ㎡以内。

后　记

商业购物空间的室内与环境规划与设计是环艺设计专业学生的主要专业课程之一，也是学生毕业之后遇到大量设计案例的专业领域。商业购物空间是各类室内与环境艺术空间中最时尚、最潮流、变化最快的空间，也是对经济效益最敏感的空间。做好商业购物空间的设计训练，对于培养和修炼学生的设计素养有重要的作用。

本书是在笔者前两本出版的同类图书的基础上，根据时代的发展进行了大量的修订和改写。如文字部分增加或修改了商业业态的比较和分类，使其与商业经营者和管理者的分类方法更加统一。图片也做了大量的更新，使其更具时代特色，与文字的配合更加贴切，也更加简洁、美观。相信本书在笔者前两本同类图书已多次作为大学环艺设计专业教材的基础上，经过这次专门针对环艺设计专业学生的重新修订，能发挥更好的作用。

感谢王凤珍、高智明参与了本书的排版工作，并感谢为本书出版发行做出努力的所有相关工作人员！

韩　放

2011 年 4 月